초3 글씨체가 평생 간다

더 늦기 전에 잡아 주는 우리 아이 바른 글씨 습관 책

강승임 지음

일러두기

* 이 책에 나오는 아이들의 이름은 모두 가명이며 이야기를 각색하였습니다.
* 2부에 제시된 낱말과 문장은 초등 저학년 받아쓰기 급수표에 나온 문제로 학교마다 학년마다 제시되는 내용이 다름을 알려 드립니다.

프롤로그

교정 책으로도 바로잡히지 않는 아이의 못난 글씨

"저, 오늘 담임 선생님께서 알림장 잘 썼다고 칭찬해 주셨어요. 전부 '참 잘했어요' 도장이에요."

"어머나, 진짜네. 정말 잘 썼다."

글쓰기 수업을 받으러 온 아이가 활짝 웃으며 알림장을 보여 줍니다. 아이는 스스로가 대견한지 아주 뿌듯해합니다.

초등학교 저학년 아이들을 가르치다 보면 종종 벌어지는 일입니다. 저학년 아이는 학교에서 글씨를 잘 쓰면 담임 선생님에게 칭찬을 받습니다. 글씨는 한눈에 드러나기 때문에 선생님들의 반응이 아이에게 바로 와 닿지요. 아이가 글씨 하나로 선생님으로부터 인정받고 칭찬받는 경험을 하고, 그로써 아이의 자신감이 올라갈 수 있다면 아이가 글씨를 잘 쓰도록 돕는 것이 당연합니다. 이것이 제가 세 번째 글씨 교정 책을 쓰게 된 이유입니다.

첫 번째와 두 번째 책은 아이들이 보는 용으로 썼습니다. 첫 책에는 아이가 동화를 읽으며 자연스럽게 예쁜 글씨를 익힐 수 있는 방법을 담았고, 두 번째는 아예 워크북 형태로 만들어 직접 바른 글씨를 연습할 수 있도록 했습니다. 많은 부모로부터 아이에게 책을 사 주었더니 글씨 교정에 큰 도움을 받았다는 이야기를 많이 들었습니다. 그런데 어떤 부모와 대화를 나누다가 두 권의 책에 미처 담지 못한 부분이 남음을 깨달았습니다.

"선생님, 아이가 글씨를 못 써서 워크북으로 글씨 교정을 시켰는데, 아이 혼자 해서 그런지 흉내만 내고 꾸준히 하지를 않아요. 아이를 직접 가르치는 방법은 없을까요?"

워크북을 활용하여 스스로 글씨 교정을 하는 아이도 있겠지만, 그것이 힘든 아이도 분명 있을 것입니다. 제 경험에 비추어 보아도 직접 글씨 지도를 해야 비로소 교정이 되는 아이들이 있었습니다. 이럴 때는 아이가 아니라 부모에게 도움을 주는 책이 필요합니다. 부모가 필요와 상황에 따라 아이를 직접 지도할 수 있도록 글씨 교정의 원리와 실질적인 기술 및 방법을 구체적으로 보여 주는 책 말입니다.

그래서 이 책을 쓰게 되었습니다. 책에 그동안 글씨 교정이 필요한 아이들을 가르치며 적용했던 방법을 담았습니다. 글씨 교정에 대한 저의 분석, 아이들을 지도하면서 알게 된 것과 다양한 이론을 교차 검증하며 얻은 교훈을 세밀하고 풍성하게 넣었습니다.

자세한 설명이 아이의 글씨체를 바꾼다

글씨 교정 지도는 '모방'이 아니라 '이해'로 접근해야 합니다. 저는 아이 교육에서 모방을 아주 중요하게 생각합니다. 특히 습관을 들여야 하는 활동이라면 말로 일일이 설명하기보다 직접 시범을 보여 주고 따라 하는 게 결과가 빠르고 직접적이지요.

읽고 쓰고 말하고 듣는 언어 교육도 마찬가지입니다. 대개 모방부터 시작합니다. 실제로 아이들이 말을 배우는 과정을 보면 무슨 뜻인지, 어떤 원리로 만들어진 말인지에 대한 이해 없이 일단 따라 말합니다. 그러다 보면 어느 순간 자연스럽게 말을 하게 되지요.

하지만 '지도'는 다릅니다. 특히 습관이 형성되는 시기에 그것을 바르게 잡아주기 위해 하는 교육은 다짜고짜 모방하게 할 것이 아니라 충분히 설명해 아이가 스스로 '이해'하도록 해 주어야 합니다.

제가 글씨 교정 지도를 할 때, 아이에게 바른 글씨를 보여 주고 무작정 따라 쓰게 했더니 큰 효과가 없었습니다. 반면, 어떤 글씨가 바르고 한글은 어떻게 써야 바른지 이유와 원리를 상세히 설명하고 그 부분을 집중해서 확인하고 익히도록 했더니 아이들이 의지를 보였습니다.

저는 아이들에게 이런 말을 많이 합니다.

"우리 한글은 전체와 부분의 조화가 중요해. 영어 알파벳은 나열해서 쓰니까 같은 크기로 쓰면 되지만, 한글을 자음과 모음을 조합해서 쓰기 때문에 전체 크기를 일정하게 하려면 자음과 모음의 크기가 글자마다 다를 수밖에 없어. '라'와 '랄'을 비교해 보렴. 받침이 있는지 없는지에 따라 자음과 모음의 크기가 완전히 달라지지. 모양도 조금씩 다르단다. 그러니까 글자를 쓰기 전에 잠시 생각해야 해. 한 획, 한 획 생각하며 천천히 연습해야 하는 거야."

저는 아이들에게 끊임없이 글자를 '이해'해야 한다고 말합니다. 그리고 글자를 잘 '보라'고 말하지요. 한글이 어떻게 써져 있는지 나눠 보라고 말입니다.

"'강'을 '강'으로 보지 말고, 자음과 모음으로 나눠 보고, 자음과 모음은 또 획으로 나눠서 봐야 해. 전체 글자 안에서 각 획의 모양과 크기가 어떤지 봐야 해."

그러면 아이들은 글자를 이해하려고 애쓰고, 자신의 뇌가 향하는 방향으로, 곧 자신이 이해하는 방향으로 손을 쓰려고 합니다. 이것이 바로 바른 글씨를 향한 의지입니다. 이러한 의지가 발동해야 비로소 글씨를 바르게 쓰는 '습관'을 들일 수 있지요.

이것이 책의 1부에 바른 글씨를 써야 하는지와 그 원리를 자세히 쓴 이유입니다. 아이가 글자를 따라 쓰게 하는 것은 두 번째 일입니다. 우선은 바른 글자의 원리를 부모가 먼저 이해하고, 그다음에 아이에게 충분하고 꾸준히 설명해야 합니다.

책의 2부에서는 실질적인 도움을 드리기 위해 획부터 자음과 모음, 글자, 낱말 등을 바르게 쓰는 방법을 담았습니다. 한글을 분절해 고루 다루다 보니 '언제 이걸 다 지도하나' 하는 생각이 들 수 있습니다. 2부는 책에 제시된 내용을 처음부터 끝까지 다 지도하라는 의미가 아닙니다. 2부에서는 아이가 잘못 쓰는 글자가 있을 때마다 획이나 자음, 모음, 글자와 글자 간의 조합 등에 관해 필요한 정보를 찾아보고 도움을 얻길 바랍니다.

다만, 2부 3장에 실린 낱말과 구, 문장은 꼭 지도하기를 권합니다. 저학년 받아쓰기 급수표에 있는 낱말과 구, 문장을 예로 제시했기 때문입니다. 핵심 낱말, 꼭 알아야 할 문장을 바른 글씨로 쓰는 연습을 할 수 있습니다. 이 책을 통해 아이의 글씨체가 바르고 예쁘게 변하기를 바랍니다.

마지막으로 제가 가르치는 두 아이가 장장 2년의 시간을 거치며 글씨를 교정한 사례를 소개합니다.

초등학교 1학년 때 만나 이제 3학년이 된 선재와 초등학교 4학년 때 만나 이제 중학교 1학년이 된 예지의 글씨입니다. 못난 글씨체도 예쁘게 나아질 수 있고 변화할 수 있다는 점을 말하고 싶습니다. 글씨를 멋지게 쓰려고 신경 쓰고 꾸준히 습관을 들이면 가능합니다.

<선재의 글씨 변화>

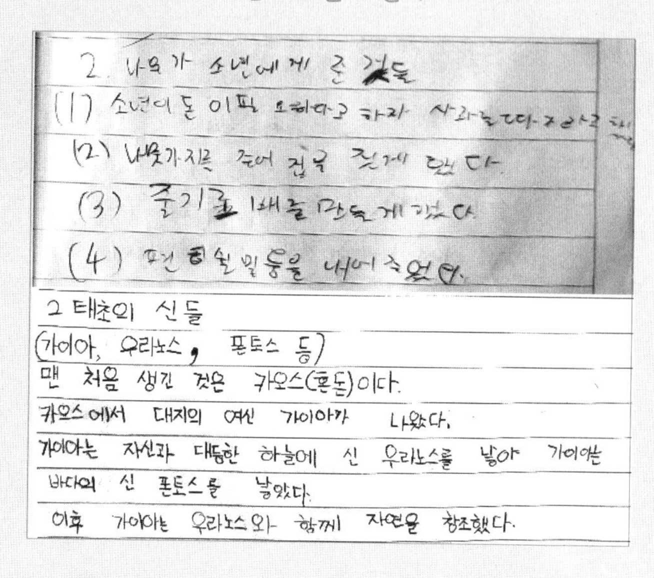

2 태초의 신들
(가이아, 우라노스, 폰토스 등)
맨 처음 생긴 것은 카오스(혼돈)이다.
카오스에서 대지의 여신 가이아가 나왔다.
가이아는 자신과 대등한 하늘에 신 우라노스를 낳아 가이아는
바다의 신 폰토스를 낳았다.
이후 가이아는 우라노스와 함께 자연을 창조했다.

<예지의 글씨 변화>

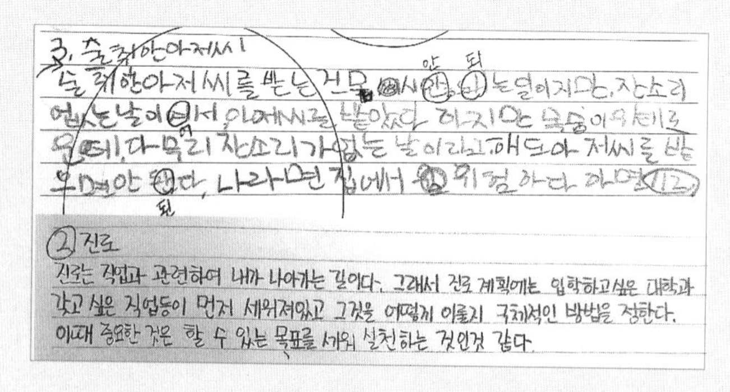

② 진로
진로는 직업과 관련하여 내가 나아가는 길이다. 그래서 진로 계획에는 입학하고싶은 대학과
갖고 싶은 직업등이 먼저 세워져있고 그것을 어떻게 이룰지 구체적인 방법을 정한다.
이때 중요한 것은 할 수 있는 목표를 세워 실천하는 것인것 같다.

아이들은 매 순간 변합니다. 그 변화의 방향은 부모가 어떤 도움을 어떻게 주느냐에 따라 완전히 달라집니다.

글씨 교정도 마찬가지입니다. '글씨 하나 잘 쓴다고 뭐 크게 달라질 게 있나?' 하는 심드렁한 마음으로는 어떤 긍정적 변화도 기대할 수 없습니다. '글씨 하나가 나비 효과를 일으킨다' 라는 신념으로 아이가 바른 글씨를 쓸 수 있도록 도움을 주길 바랍니다.

강승임

목차

프롤로그 교정 책으로도 바로잡히지 않는 아이의 못난 글씨 005

1부
더 늦기 전에 시작하는 바른 글씨 쓰기 습관

1장 왜 초3에 글씨체를 잡아야 할까요?

10살이 적기인 글씨 쓰기 습관 021

한석봉의 어머니는 왜 글씨 연습부터 시켰을까 029

성인이 되어도 평생 따라오는 못난 글씨체 033

글쓰기 능력과 자신감까지 키워 주는 예쁜 글씨 037

성격을 바꾸는 놀라운 글씨 교정의 힘 043

2장 글씨체를 바로 잡으려면 이것부터 시키세요

연필 쥐는 법부터 책상에 바로 앉는 법까지 049
글씨 쓰기 짝꿍, 필기구와 먼저 친해지기 054
화려한 서체보다 기본에 집중해야 하는 이유 060
자음과 모음부터 제대로 살펴야 한다 065
천천히, 정확하게, 진하게 써 보는 연습 068

3장 예쁜 글씨는 1mm의 차이로 결정 납니다

바른 글씨체를 만드는 다섯 가지 비밀 075
연습할 때는 꺾어 쓰지 않아도 된다 079
획순을 꼭 지켜서 써야 하는 이유 083
대충 써서는 글씨체를 바꿀 수 없다 087
'고기' 속 'ㄱ'의 모양 차이 090
기본 획부터 문장까지 완성하는 5단계 연습법 094
최종 목표는 나만의 글씨체 만들기 098

2부
또박또박 바른 글씨체의 비결

1장 획 긋기, 자모음 기초부터 바르게 쓰는 법

획부터 잘 그어야 바른 글씨가 된다 109
가로획과 세로획이 중요하다 116
ㅂ만 잘 써도 바른 글씨로 보인다 130
바른 사선 긋기가 필요한 자음들 135
최대 난이도는 겹받침 쓰기 144
모음에는 세로형이 있다 147
모음에는 가로형도 있다 157
가로형과 세로형을 합친 모음 쓰는 법 163

2장 결합 글자 한글 쓰기는 이것만 알면 됩니다

받침 없는 글자의 3가지 기본 모양 175
자음 오른쪽에 모음이 오는 글자는 어떻게 쓸까? 177
자음 아래에 오는 모음은 이렇게 쓴다 183
자음 아래쪽과 오른쪽에 모음이 오는 글자 쓰는 법 189
받침 있는 글자의 기본 모양을 익혀라 194
받침 있는 글자는 모양별로 연습하라 196
서예처럼 아름다운 정자체 쓰기의 비밀 203
정자체 쓰기 1. 모음 207
정자체 쓰기 2. 자음 210
정자체 글자, 모양에 따라 예쁘게 쓰기 217
예쁜 글씨에 숫자도 포함된다 223
잘 쓰면 금상첨화인 알파벳 227

3장 손 글씨로 공부 체력까지 길러주세요

세로획이 중요한 받침 없는 단어 241
가로획에 힘을 쓴 받침 있는 단어 248
띄어쓰기까지 해야 완성되는 바른 글씨 254

에필로그 평생 가는 글씨체, 함께 습관을 들이세요 265

1부

더 늦기 전에 시작하는 바른 글씨 쓰기 습관

글씨체는 또 하나의 얼굴이자 인격입니다.

바르고 예쁜 글씨는 아이들에게 스스로에 대한 뿌듯함과

학습에 대한 자신감을 북돋아 줍니다.

획을 비스듬히 긋는 아이,

끝을 날려 쓰는 아이,

희미하게 대충 쓰는 아이,

들쭉날쭉 쓰는 아이라면

연필을 잡는 자세부터 꼼꼼히 살펴보아야 합니다.

아이들의 못난 글씨체의 정체를 알고

바르고 예쁜 글씨체의 원리를 알면

우리 아이도 글씨를 잘 쓰는 아이로 키울 수 있습니다.

1장

왜 초3에 글씨체를 잡아야 할까요?

10살이 적기인 글씨 쓰기 습관

가르치는 아이에게 글씨 교정에 관한 책을 쓰게 되었다고 하자, 대뜸 이렇게 말했습니다.

"정말요? 그럼 제 글씨도 보여 주면 안 돼요? 못 쓴 글씨, 잘 쓴 글씨 비교해서 보여 주는 거 있잖아요."

"안 될 거 없지. 보여 주면 독자들이 아주 흥미로워할 거야."

아이가 저에게 왜 그렇게 말했는지 단번에 알아차렸습니다. 아이는 자신의 노트 필기를 자랑하고 싶었던 것입니다.

현재 고등학교 1학년인 현수는 초등학교 1학년 때부터 저에게 글쓰기와 독서를 지도받고 있습니다. 학교나 교육청 영재 프로그램에 빠지지 않고 참여할 정도로 창의적이고 아주 영리한 아이입니다.

그러나 초등학교 때부터 시험을 보면 꼭 한두 개 실수를 하곤 했습니다. 배경지식이 풍부하고 이해력 또한 뛰어나 어려운 내용도 수월하게 배웠지만, 섬세함이 조금 부족했지요. 그때마다 저는 현수에게 노트 필기를 권했고, 무엇보다 글씨를 예쁘게 쓰라고 강조했습니다. 하지만 아이는 자신의 능력만 믿고 여느 아이들처럼 이를 소홀히 여겼습니다. 시험에서 자꾸 틀리는 이유를 단지 '실수'라고 하면서 말이지요. 그 실수를 바로 잡는 것이 노트 필기라고 아무리 말해도 듣지 않았습니다.

그랬던 현수가 중학교 3학년에 과학고 입시를 준비하면서 달라졌습니다. 주요 과목부터 노트 필기를 시작한 것이지요. 저는 현수에게 수학도 문제풀이 노트를 준비하여 마치 답안지를 정리하듯 바른 글씨로 풀이 과정을 정갈하게 쓰라고 했습니다.

수학 문제를 풀 때도 글씨를 대충 흘려 쓰는 습관 때문에 본인이 옳게 푼 문제의 정답을 잘못 보고 틀린 답을 쓰는 경우가 종종 있었거든요. 예를 들어 숫자 '2'를 잘못 보고 '1'이라고 쓰는 것이었지요. 이런 일은 다른 아이들에게서도 심심치 않게 일어납니다. 자신이 쓴 글씨를 알아보지 못하는 경우 말입니다.

당연한 결과겠지만, 노트 필기의 효과는 1학기 중간고사부터 바로 드러났습니다. 흘려 쓴 글씨 때문에 그동안 현수가 저질렀던 실수가 절반 이상으로 줄어든 것이지요. 현수는 그제야 바른 글씨로 노트 필기를 해야 함을 인정했습니다. 현수는 그 뒤로 지금까지 노트 필기를 이어오고 있습니다.

<중학교 1학년 현수의 노트 필기>

두번째로 혁신적인 발명품은 청소기라고 생각한다.
청소기는 힘들게 청소하던 주부들에게 혁신적이다.
이젠 빗자루, 쓰레받기로 힘들게 청소하지 않아도
기계만 밀면 슥슥 청소된다. 이런 발명품은 모두

<고등학교 1학년 현수의 노트 필기>

15. 입학 준비물을 구입하는데 한 개에 500원인 연필과 한 개에 1200원인 볼펜을 합하여
20개를 사려고 한다. 연필을 볼펜보다 적게 사고 총 금액이 20000원 이하가 되도록 할 때,
연필은 최소 a개에서 최대 b개까지 살 수 있다. b-a의 값은? ① 1 ② 2 ③ 3
④ 4 ⑤ 5

연필과 볼펜의 총구매갯수가 20개이므로 연필을 x개 사면 볼펜은 $(20-x)$개 살 수 있다.
그리고 지불할 가격이 20000원 이하가 되야하므로 식을 세워보면
$500x+1200(20-x)\leq 20000$ 이 된다.
식을 정리하면 $500x-1200x\leq 20000-24000$, $-700x\leq -4000$, $x\geq \frac{40}{7}$ 이다.
x의 값이 정수이므로 x는 6 이상이지만 연필을 볼펜보다 적게 사야하므로 $20-x>x$, $2x<20$, $x<10$ 이다.
x의 범위는 $\frac{40}{7}\leq x<10$이 되고 가능한 정수 x는 6, 7, 8, 9 다. x의 최솟값은 6, 최댓값은 9 이므로
$b-a=9-6=3$ 이다. ∴ ③

뇌의 기능을 활성화시키는 노트 필기

전교 1등의 공부 비법으로 가장 많이 꼽히는 것 중 하나가 노트 필기입

니다. 수업을 들을 때뿐만 아니라 예습·복습을 할 때, 오답을 확인할 때 등 노트 필기를 이용하면 내용이 더 잘 이해되고, 더 정확하게, 더 오래 기억에 남는다고 합니다. 보통 핵심 단어를 중심으로 정리하기 때문에 학습 내용이 한눈에 들어옵니다. 더욱 체계적으로 내용을 이해할 수 있고, 중요한 내용과 그렇지 않은 내용을 구분함으로써 효율적으로 공부할 수 있지요. 성적이 당연히 오를 수밖에 없습니다.

손으로 글씨를 쓰는 필기의 효과는 과학적으로도 충분히 뒷받침됩니다. 손은 학습의 중추인 대뇌와 가장 밀접한 기관입니다. 우리는 보고 들은 것을 뇌로 받아들여 이해하고 기억하고 언어로 표현합니다. 뇌의 이러한 기능의 30% 정도가 손과 연결되어 있습니다. 즉, 공부할 때 손을 사용하면 뇌의 기능이 그만큼 활성화된다는 뜻이지요. 그래서 필기를 하는 동안 집중력이 높아지고 이해력과 기억력 또한 높아지는 이유입니다.

그리고 정서적으로 안정되는 효과도 있습니다. 필기는 지식이나 정보, 생각 등을 문자 언어로 정리하는 것이기 때문에 언어 표현을 담당하는 대뇌의 전두엽 또한 활성화됩니다. 전두엽은 감정 조절의 중추이기도 하여 필기를 하는 동안 다른 감정들이 적절히 통제되지요. 특히 불안, 근심, 걱정 등의 부정적인 정서가 조절되어 차분한 마음으로 학습에 더욱 집중할 수 있습니다. 필기로 학습 능력과 뇌의 기능이 활성화되고, 정서적 안정 효과까지 있다니 지금 당장 시작하지 않을 이유가 없지요.

이러한 필기의 첫 출발은 두말할 것도 없이 바른 글씨입니다. 당연히 잘 쓴 글씨로 정갈하게 필기된 공책을 보았을 때, 내용을 한눈에 제대로 파악할 수 있고 정확하게 기억할 수 있습니다. 누가 못 쓴 글씨를 반복해서 보고 싶을까요? 알아보지 못할 글씨로 정리한 글은 스스로도 외면할 수밖에 없습니다. 보기에 좋은 글씨여야 뿌듯한 마음으로 자꾸 보게 되겠지요.

무엇보다 글씨를 바르게 쓰면 눈과 손의 '협응력'이 길러져 본 것을 뇌에 제대로 전달하고, 그것을 다시 손으로 올바르게 표현할 수 있습니다. 협응력이란 신체의 신경 기관, 운동 기관, 근육 등이 서로 호응하며 조화롭게 움직일 수 있는 능력을 뜻합니다. 학습과 연관지어 본다면, 무엇을 보고 듣는 능력과 그것을 뇌에서 처리하는 능력, 다시 표현하는 능력이 제대로 맞물려 작동하는 것입니다. 바르게 글씨를 쓰며 길러진 협응력은 학습 능력의 기초가 됩니다.

앞에서 이야기한 현수처럼 시험을 볼 때 실수하는 원인을 알아보면, 협응력이 제대로 길러지지 않은 경우가 많습니다. 눈으로 보고 뇌를 거쳐 손으로 그대로 표현되어야 하는데, 눈과 뇌와 손이 따로 노는 일이 벌어지지요. 그래서 올바른 답을 찾아도 그것을 눈으로 확인하고 손으로 표현하는 과정에서 종종 엉뚱한 답을 쓰기도 합니다. 손 글씨 쓰기는 바르게 필기하는 협응력을 기르기에 가장 좋은 방법이니 추천합니다.

디지털 시대에 손 글씨 쓰기가 더 중요한 이유

점점 디지털 기기가 발달하고 온라인 학습이 강화되면서 PC나 태블릿 등을 주요한 학습 도구로 이용하는 추세입니다. 이에 디지털 시대에는 손 글씨로 종이에 필기하는 것이 적합하지 않다는 주장도 여기저기서 들립니다. 굳이 필기하고 싶다면 타이핑을 하거나 전자펜으로 가볍게 적으면 된다고 말하지요. 게다가 디지털 기기를 활용하면 필기구, 교과서 등을 따로 준비하지 않아도 되니 간편할 뿐만 아니라, 사진이나 동영상 등 참고 자료를 자유롭게 활용할 수 있어 실용적이니까요.

하지만 학습 환경이 달라졌다고 해서 앞서 설명한 손 글씨의 유익함이 줄어들거나 없어지지 않습니다. 오히려 디지털 기기의 사용이 늘어날수록 손 글씨의 효과는 더욱 두드러집니다.

미국에서는 교육의 디지털화가 급속도로 진행되고 있지만 앨라배마(Alabama) 등 6개 주에서 '손 글씨 쓰기'를 의무적으로 가르친다고 합니다. '쓸 수 없으면 읽을 수도 없다'라는 신념 때문이지요.

미국 인디애나주립대 연구팀은 이를 과학적으로 증명했습니다. 아이가 키보드를 누를 때와 손으로 글씨를 쓰면서 공부할 때 뇌가 어떻게 다른지 비교해 보았더니, 손으로 글씨를 쓰는 아이의 뇌가 더욱 활성화된다는 사실을 밝혀냈지요.

손으로 글씨를 쓰면 종이와 연필의 촉감을 느끼며 손가락을 움직이게 되는데, 이런 활동이 뇌세포 사이의 연결 부분(시냅스)에 활력을 준다고 합니다. 연구팀은 손으로 직접 글씨를 쓰면 디지털 기기를 활용할 때보다 뇌 발달이 촉진되고 기억력과 이해력이 향상된다고 발표했습니다.

노르웨이에서도 디지털 학습 시대에 아이들의 손 글씨 쓰기가 부족함에 따라 이를 해결하기 위해 다양한 방법으로 애쓰고 있다고 합니다. 일례로 베르달(Verdal) 지역의 유치원에서는 연필 쥐기, 양손 쓰기 등의 프로그램을 운영하며 아이들에게 자연스럽게 손 글씨를 쓰도록 훈련하는 것입니다.

노르웨이 국영방송(NRK)은 심리학자이자 신경과학 전문가인 토마스 미클레부스트(Tomas Myklebust)의 인터뷰를 통해, 손 글씨는 키보드 입력보다 시간이 더 오래 걸리고 높은 집중력이 필요하지만, 뇌가 더 많은 정보를 흡수하는 데 도움을 준다고 전하기도 했습니다.

미클레부스트는 손으로 글을 쓰면 뇌의 언어 운동 중추인 브로카 영역(Broca area)을 더 많이 활성화시키기 때문에 PC와 태블릿에 키보드와 마우스를 이용해 입력하는 것보다 학습 효과가 훨씬 크다고 주장했지요. 전자펜으로 디지털 기기에 쓸 때도 느슨하게 잡아 터치하듯 가볍게 쓰기 때문에 소근육이 거의 자극을 받지 않아 뇌를 활성화시키는 수준이 미미하다고 합니다.

미국과 노르웨이 두 사례에서 보았듯이 디지털 시대에도 손 글씨 쓰기는 여전히 중요합니다. 손 글씨는 학습의 기본 바탕이 되는 뇌를 활성화 시키기 때문에 글씨를 바르게 쓰는 습관을 잡는 시기를 놓쳐서는 안 됩니다. 특히 손과 눈과 뇌의 운동신경이 집중적으로 연결되는 만 10세 시기가 적기입니다. 운동 신경이 발달하기 시작하는 초등 저학년 시기를 놓치지 마세요.

한석봉의 어머니는 왜 글씨 연습부터 시켰을까

글씨체가 바르지 않은데도 교정할 필요가 없다고 말하는 사람들이 굳게 믿는 신념이 하나 있습니다.

"천재는 악필이다!"

아인슈타인, 에디슨, 나폴레옹, 베토벤, 톨스토이, 그리고 레오나르도 다빈치 등 각 분야에서 내로라하는 천재들의 글씨체를 보면 정말 혀를 내두르게 됩니다. 무슨 글자인지 거의 알아볼 수 없거든요.

일례로 러시아의 대문호 톨스토이는 지독한 악필로, 출판사에서 그의 원고를 알아볼 수 없을 정도였다고 합니다. 그래서 글을 쓰고 나면 대부분 아내 소피야(Sophia Andreyevna Tolstaya)의 손을 거쳐 교정 교열된 후 넘겨졌다고 하지요.

'엘리제를 위하여(Fur Elise)'라는 제목으로 널리 알려진 베토벤의 소나타 곡은 원래 '테레제를 위하여(Fur Therese)'라는 제목이었다고 합니다. 그런데 악보를 출간할 때 담당자가 '테레제'를 '엘리제'로 잘못 읽어 제목이 바뀌었다고 하네요. 베토벤이 얼마나 글씨를 못 썼으면 곡이 다른 제목으로 발표되었을까요?

레오나르도 다빈치는 글씨를 못 쓰는 것을 넘어 좌우가 거꾸로 되게 썼다고 합니다. 글자를 알아볼 수 없게 말입니다.

이러한 사례들을 보면 악필이 천재의 조건이나 공통점 같다는 생각이 들기도 합니다. 그런데 정말 천재들은 악필일까요?

전문적으로 글씨체를 연구하는 필적학자들이나 글씨 쓰기를 업으로 삼는 서예가들은 '그렇지 않다'라고 말합니다. 글씨를 못 쓰는 천재들의 경우, 떠오르는 영감을 놓치지 않으려고 빨리 쓰다 보니 대충 흘려 쓰는 습관을 갖게 되었다는 것입니다. 남에게 보여 주려는 목적이 아니라 자신이 보기 위해 썼기 때문에 굳이 예쁘게 쓸 필요가 없었던 것이지요. 레오나르도 다빈치의 반전된 글씨도 다른 사람이 알아보지 못하도록 일부러 쓴 것이라고 합니다.

한편, 천재라는 칭호를 얻은 인물들 중에는 글씨를 잘 쓰는 사람도 꽤 있습니다. 뉴턴이나 피카소가 대표적이지요. 이들이 남긴 노트나 메모를 보면 정갈한 글씨체와 필기가 인상적입니다. 따라서 글씨체만 보고 천재인지 아닌지 판단하기는 어렵습니다. 보통 사람들처럼 글씨를 잘 쓰는 천재도 있고, 못 쓰는 천재도 있는 것이지요.

이처럼 '천재는 악필'이라는 신념은 근거가 매우 부족합니다. 어쩌면 악필인 누군가가 자신의 못생긴 글씨체를 정당화하기 위해 퍼뜨린 말인지도 모릅니다. 아인슈타인의 뇌 이야기처럼 말이지요. 아인슈타인도 뇌의 15% 정도밖에 쓰지 않았다는 주장이 있는데, 자신의 사고 수준이 충분히 뛰어나지 않음을 합리화할 때 종종 인용됩니다. 이 또한 근거 없는 말이지요. 과학적으로 따져 보면 우리는 뇌를 100% 활용하는 것이 어느 정도인지 모르기 때문에 아인슈타인이 10%의 뇌를 활용했는지, 15%를 활용했는지 알 수 없습니다.

우리는 예부터 서예를 쓰던 민족이었다

사실, 우리 역사 속에서는 소위 천재나 수재라고 일컬어지는 인물 대부분이 글씨를 아주 잘 썼습니다. 한호(한석봉)와 김정희 같은 당대 최고의 서예가들뿐만 아니라 지리학자 김정호, 화가 신윤복, 김시습과 박지원, 학자 정약용 등에게서 못 쓴 글씨를 찾아보기 힘들지요. 이들 대부분은 어렸을 때부터 글씨 쓰는 법을 기본적으로 배웠기 때문입니다. 우리나라 전통 교육과정 중 하나가 '서예'이지요.

이처럼 우리는 예부터 한자를 바르게 쓰는 것을 매우 중요하게 여겨 왔습니다. 아이들은 서예를 배우며 공부하는 자세를 갖추고 마음을 다지며 글자를 익히고 글을 지었지요. 오히려 우리나라 천재들은 '명필가'라고 할 수 있습니다. 그러니 '천재는 악필'이라는 말이 우리 문화에서는 더욱 지지받기 어렵지요.

다행히 최근에는 손 글씨 쓰기 열풍으로 인해 어린아이부터 성인에 이르기까지 글씨 교정에 시간을 들이고 노력을 기울이는 사람을 많이 볼 수 있습니다. 실제로 바른 손 글씨는 학업뿐만 아니라 사회생활까지 영향을 주는, 평생 가는 나만의 재능이라고 할 수 있습니다. 설령 그것이 나 혼자 보는 글이라고 하더라도 깔끔하고 정돈된 글씨는 볼 때마다 흐뭇합니다.

명필까지는 아니더라도 악필에서 탈출할 기회를 꼭 잡아야 합니다. 아직 글씨 습관이 잡히지 않은 아이에게 지금이 기회입니다. 초등학교 고학년이면 글씨뿐만 아니라 기본적인 학습 및 생활 습관이 거의 자리잡기 때문에 미룰 수 없습니다. 습관이 들여진 후 고치려면 몇 배의 노력을 기울여야 하지요. 그러니 지금 시기를 놓치지 말고 아이와 함께 바르고 예쁜 글씨 만들기를 시작해 보세요.

성인이 되어도 평생 따라오는 못난 글씨체

성인이 되어 뒤늦게 글씨체를 교정하려는 사람들이 있습니다. 제 주변에도 몇 명이 있는데, 그중 보험설계사로 일하는 지인은 그 이유를 다음과 같이 말했습니다.

"고객과 상담할 때, 글을 쓰면서 설명해야 하는 경우가 종종 있습니다. 내용을 일목요연하게 메모해서 적어야 하는 경우도 많고요. 그때마다 아이 같은 글씨가 부끄러웠습니다. 제가 봐도 믿음이 안 가는 글씨체거든요. 저도 다른 사람이 아이같이 글씨를 쓰거나 흘려 쓰면 좀 안 좋은 쪽으로 다시 보게 되는 것 같아요. 그리고 일할 때뿐만 아니라 손으로 직접 글씨를 써야 하는 일이 생각보다 많잖아요. 하물며 결혼식 축의금 봉투에 이름을 쓸 때도 말이죠. 더 늦기 전에 고쳐야겠다고 마음먹었습니다."

사회생활을 하다 보면 누구나 손 글씨를 써야 하는 일이 생깁니다. 각종 문서와 계약서에 친필 서명을 해야 하는 경우, 택배 주소를 쓰는 경우, 축의금이나 조의금 봉투에 이름을 쓰는 경우, 방명록에 문구를 남기는 경우, 지시 사항을 메모해야 하는 경우 등 은근히 많지요.

이때마다 손 글씨에 자신이 없으면 송구하다는 듯 먼저 이렇게 말하기도 합니다.

"제가 글씨를 못 써서……."

반대로 글씨를 잘 쓰면 어김없이 다음과 같은 인정과 칭찬의 소리를 듣게 되지요. 이런 말을 들으면 별것도 아닌데 괜히 뿌듯합니다.

"글씨를 참 잘 쓰시네요."

사람의 인상을 좌우하는 글씨체

사실, 글씨체로 그 사람의 됨됨이나 성격, 수준 등을 판단하기에는 좀 과하다는 생각이 들기도 합니다. 하지만 우리는 이미 자연스럽게 타인의 글씨를 보고 잘 쓴 글씨에는 감탄하고 못 쓴 글씨에는 실망하지요. 글씨체도 외모나 목소리, 말투와 같이 사람의 인상을 결정하는 요소로 작용하는 것입니다.

다음 글씨체를 볼까요? 누가 쓴 글일까요? 어떤 느낌이 드시나요?

<아이처럼 쓴 어른의 글씨 예시>

<table>
<tr><td>호국 영령의 뜻을
받들어.
先進 대한민국을
만들겠습니다</td><td>대한민국의 새로운 변화를
위해 노력하겠습니다</td></tr>
<tr><td colspan="2">다시 찾아 뵈었습니다.
아픔이 완전히 치유될때 까지
더 노력하고 더 자주 찾아 뵙겠습니다.</td></tr>
</table>

위 글들은 정치인들이 쓴 것입니다. 글이 공개되었을 때, 대중은 글씨체가 아이 같고 가벼워 보인다고 반응했습니다. 사람들은 보통 정치인에게 강단과 의지가 느껴지는 힘 있는 글씨체를 기대하지요. 그래서인지 제시된 글씨체는 정치인답지 못하다고 느꼈던 것 같습니다.

반면, 반듯하게 잘 쓴 글씨는 상대에게 모범적이라는 인상, 차분하다는 인상, 믿음직하다는 인상을 줄 수 있습니다. 이러한 긍정적인 인상은, 상대가 나에게 호의를 갖고 긍정적으로 대하게 합니다. 이런 상황에서는 자신감이 절로 생기겠지요.

글씨체 하나로 사회생활에 자신감이 생긴다면 탐나는 경쟁력이 아닐 수 없습니다. 아이들이 바른 글씨를 쓰도록 엄마가 옆에서 도와준다면 우리 아이에게 값진 유산을 물려준 것이나 다름없겠지요.

글쓰기 능력과 자신감까지 키워주는 예쁜 글씨

한 유명 방송인이 어느 강연에서 두세 곳의 중앙 언론사에 동시 합격한 비결을 소개했습니다. 그는 경쟁이 치열한 언론고시에 합격하기 위해 무엇을 어떻게 준비했는지 자신의 경험담을 솔직하게 털어놓았습니다. 특히 제 귀에 쏙 들어온 내용은 무엇보다 작문에 관한 것이었습니다. 그는 작문 시험 대비 과정뿐만 아니라 실제 시험을 치를 때 어떻게 해야 고득점을 얻을 수 있는지 구체적으로 말했습니다.

그가 첫 번째로 제시한 고득점 비법은 다름 아닌 '글씨를 깔끔하게 써야 한다는 것'이었습니다. 그리고 웬만하면 틀리지 않게 써서 첨삭의 흔적 없이 깨끗한 답안지를 제출해야 한다고 강조했습니다. 이유는 단순하고 분명했습니다.

"면접관은 수많은 답안지를 보기 때문에 내용을 일일이 다 읽어볼 수 없습니다. 아무래도 첫인상에서 거르게 되지요. 내용이 아무리 좋아도 답안지가 깔끔하지 않으면 읽지 않습니다. 그러니 내용이 좀 부실해도 일단 글씨를 깔끔하게 쓰는 것이 중요합니다."

사실 작문을 잘했는지 아닌지 판단하는 기준은 내용과 구성, 그리고 주제 의식입니다. 글씨체는 실제 작문 실력과는 전혀 상관없지요. 하지만 작문 시험에서 글씨체는 종종 중요한 판단 요소가 됩니다. 앞에서 방송인이 말한 바와 같이 글씨가 못나거나 깔끔하지 않으면 아예 읽기조차 하지 않는 경우가 꽤 있습니다. 그래서 취업을 준비하는 사람들 중에는 글씨체도 함께 교정하는 경우가 많지요. 자신의 글에 대한 좋은 첫인상을 전하고 싶은 마음이 간절하기 때문일 것입니다. 글씨가 당락을 좌우하는 결정적인 요소는 아니겠지만, 예선을 통과하는 중요한 기준이 되기도 합니다.

작문 실력을 향상시키는 바른 글씨

글씨체는 작문 실력과는 직접적인 관련이 없지만, 작문 실력을 기르는 데는 분명 영향을 미칩니다. 저는 전국의 초등학생을 대상으로 수백 차례 글쓰기 특강을 진행한 경험이 있습니다. 이때 발견한 사실인데, 글씨를 못 쓰는 아이들이 작문 실력도 대체로 좋지 않았습니다. 일종의 악순환이었습니다.

글씨를 못 쓰는 아이들이 자신의 글을 대하는 태도와 행동을 가만히 살펴보았더니, 공통점이 하나 있었습니다. 이 아이들은 자신의 글을 보고 싶어 하지 않는다는 것이었습니다. 글쓰기 수업이 끝나고 쓴 글을 집에 가지고 가라고 하자, 대부분의 아이는 흡족해하며 가방에 챙겨 넣었지만, 글씨가 못나거나 낙서 같은 것을 여기저기 그려 넣은 아이는 대부분 자신의 글을 내팽개쳤습니다. 애써 쓴 글을 구겨서 쓰레기통에 버리거나 책상 위에 아무렇게나 펼쳐 놓고 나가려고 했지요. 그 아이들을 불러 세워 왜 그러냐고 물어보았더니, 글을 가져가면 부모님이 혼을 낸다는 것이었습니다. 글씨를 엉망으로 썼다고 말이지요.

아이들의 주눅 든 모습을 보니 마음이 좋지 않아서 열심히 했으니 부모님도 칭찬하실 것이라고 격려했지만 소용없었습니다. 아이들은 고개를 저으며 자신감 없는 목소리로 "못 썼어요", "대충 썼어요" 하고 말았습니다.

이런 일이 되풀이되면 다음의 악순환 구조가 만들어지겠지요.

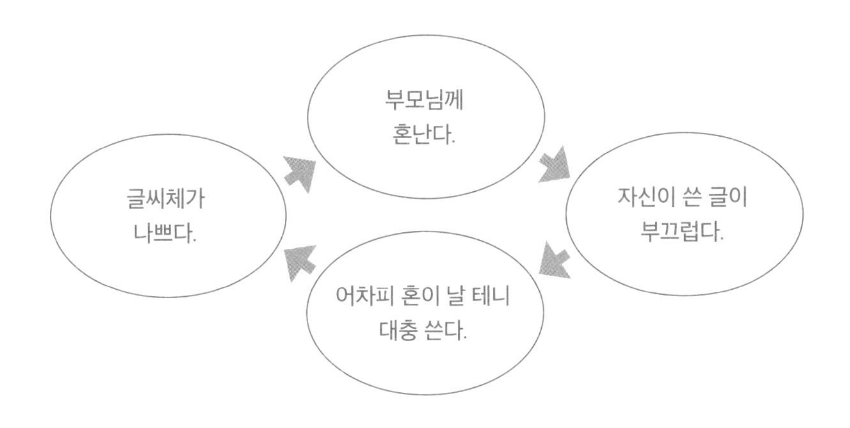

이런 아이들을 몇 번 보고 난 후, 글쓰기 수업을 할 때 아이들에게 바르게 글씨를 쓰는 법을 가장 먼저 알려 주었습니다. 몇 가지 교정을 거쳐 글씨를 바르게 쓰게 된 아이들은 자신이 쓴 글을 들여다보며 뿌듯해했고, 자랑스럽게 집으로 가지고 갔습니다. 바른 글씨체로 인해 자신감도 얻게 된 것입니다.

글씨 교정을 거치면 다음의 선순환 구조가 만들어지겠지요.

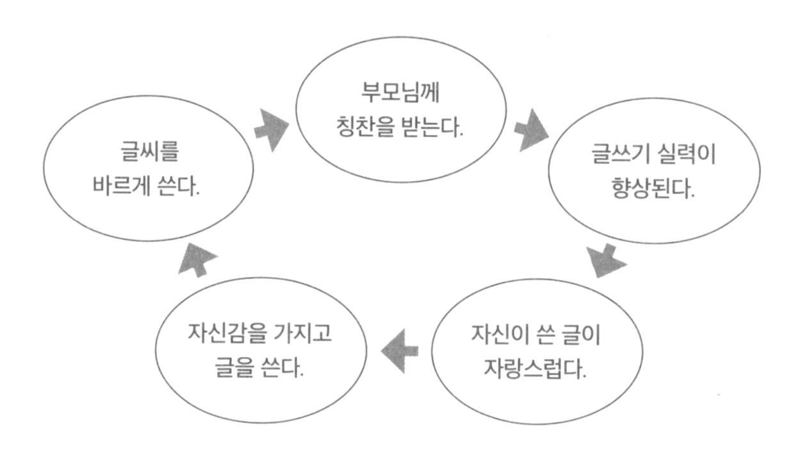

이처럼 바른 글씨체는 시험뿐만 아니라 글쓰기 실력 향상에도 직간접적으로 영향을 미칩니다. 자기 자신을 비롯하여 누구나 보고 싶은 글씨, 누가 보아도 보기에 좋은 글씨체로 글을 쓰면, 남에게 좋은 첫인상을 심어 줄 수 있지요. 더불어 아이의 글쓰기 자신감도 올라갑니다.

글씨 쓰기 지도는 격려와 칭찬으로 한다

이제 부모가 가정에서 글쓰기 지도를 할 때 앞서 해야 할 일이 무엇인지 알았을 것입니다. 아이가 글씨부터 바르게 쓸 수 있도록 도와주는 일은 글씨를 똑바로 쓰라고 지적하거나 충고하라는 뜻이 아닙니다.

"글씨가 이게 뭐야?"
"아휴, 예쁘게 좀 써 봐!"

비난하고 다그치는 말은 아이의 기분을 상하게 하고 아이가 부끄러움을 느끼게 합니다. 이로 인해 글을 쓰는 활동 자체에 대해서도 부정적인 감정을 가질 수 있습니다. 포기했다는 듯이 한숨을 쉬어도 안 됩니다. 아직 충분히 연습하지 못해 못 썼을 뿐인데, 큰 잘못이라도 저지른 것처럼 부모가 다그치면 아이는 죄책감이 들지요. 죄책감은 집중을 방해하고 사람을 무기력하게 만듭니다.

아이가 자신의 글씨를 뿌듯하게 느껴 글자를 쓰는 활동 자체를 즐길 수 있도록 도와주세요. 격려하고 칭찬하는 말, 용기를 주는 말로 글씨를 바르게 쓰려는 아이의 의지를 북돋워 주세요.

"그렇지. 천천히 곧게 그으면 선을 바르게 쓸 수 있어."
"점점 나아지고 있구나."

"바로 그렇게 쓰는 거야. 지금 손의 느낌을 기억하렴."

아이가 이런 말을 들으면 기분이 어떨까요? 뿌듯하고 자신감이 생길 것입니다. 아이의 마음속에서 '더 잘 쓰고 싶다, 더 잘 써서 더 인정받고 싶다'라는 강한 동기가 생깁니다.

글씨가 미우면 "괜찮아, 다시 한 번 써 보렴"이라고 격려하고, 조금이라도 나아졌다면 "우와, 정말 예쁘게 썼다. 아주 마음에 들어" 하고 칭찬합니다.

무엇보다 글씨 연습을 할 때는 절대 빨리 쓰지 않도록 주의해야 합니다. "천천히, 천천히. 급하지 않아"라는 말로 아이가 조급해서 대충 쓰지 않도록 마음을 잡아 주세요.

글은 쓰면 쓸수록 더 잘 쓰게 됩니다. 글씨도 마찬가지입니다. 연습을 하면 할수록 더 바르고 예쁜 글씨를 쓰게 됩니다. 예쁜 글씨체가 글쓰기 자신감으로 이어져 글쓰기에 재미를 붙이고 실력을 쌓을 수 있습니다. 나아가 좋은 점수까지 보장한다는 사실, 잊지 마세요.

성격을 바꾸는 놀라운 글씨 교정의 힘

성격과 글씨, 어떤 관계가 있을까요?

필적(글씨 모양이나 솜씨)을 분석하여 사람의 성격 등 내면을 연구하는 필적학에서는 글씨와 성격이 밀접하게 관련된다고 주장합니다. 글씨를 쓴 사람의 성격이나 심리 상태가 깃든다는 것이지요. 필적학 연구자들은, 글씨체는 마치 지문이나 DNA처럼 사람마다 고유한 특징을 지닌다고 합니다. 그래서 글씨체를 통해 상대의 됨됨이나 특징을 알 수 있다고 말합니다.

이런 이유로 전부터 형사 사건에서는 범인을 찾는 데 필적을 이용해 왔고, 최근에는 기업체에서 직무에 맞는 사람을 채용할 때 이용한다고 합니다. 필적으로 범인을 찾고, 사람을 채용한다니 필적이 얼마나 중요한지 아시겠지요?

글씨체 교정으로 성격을 바꿀 수 있을까?

국내 1호 필적학자 구본진 박사는 글씨체에는 쓴 사람의 성격과 성장 과정, 취향, 빈부 정도가 집약되어 있다고 말합니다. 그의 조사에 따르면, 사회적으로 성공한 리더들의 글씨체는 대체로 글씨가 크고 간격이 넓고 고르며 삐침이 강하다고 합니다. 한편, 창조적인 분야에서 성공한 사람은 각이 거의 없는 둥근 글씨체를 사용하는 경향이 강하다고 합니다.

이와 같이 성격에 따라 글씨체가 정해진다면 반대의 경우도 가능할까요? 글씨체를 바꿔 성격을 바꾸는 것 말입니다. 필적학자들은 이것이 가능하다고 주장합니다. 왜냐하면 성격과 글씨체는 한쪽에서 다른 한쪽에 영향을 주는 것이 아니라, 상호작용 속에서 거의 동시에 만들어지기 때문입니다. 그러니 둘 중 어느 쪽에 변화를 주면 다른 쪽에도 변화가 일어나리라 기대할 수 있지요.

그렇기에 글씨가 못난 사람이 글씨 교정을 시작하면 성격도 서서히 변한다고 볼 수 있습니다. 지나치게 각이 지게 글씨를 쓰는 사람이 동글동글하게 쓰는 연습을 꾸준히 하다 보면 성격 또한 포용적으로 변할 수 있다는 뜻이지요. 무엇보다 차분히 글씨를 쓰고, 바르게 쓰는 사람이 급한 성격을 보이는 일은 보기 드뭅니다.

글씨 교정으로 차분한 성격이 될 뿐더러 얻을 수 있는 최고의 장점은 '꾸준함'이라고 생각합니다. 사실 글씨 교정은 결코 쉬운 일이 아닙니다.

지금까지 써 왔던 방식을 버리고 새로운 방식을 습득하는 일은 정말 고되지요. 똑같은 과정을 수없이 반복해야 하니 짜증과 싫증이 때때로 날 것입니다.

이미 아이가 글씨를 자신이 편할 대로 써서 고착된 상태라면, 더욱 교정이 어렵겠지요. 이때 포기하거나 그만 두지 않고 계속해 나간다면 꾸준하고 성실한 성격 또한 길러질 것입니다. 그러니 포기하지 말고, 이 책에 적힌 대로 부모님이 잘 지도해 주세요.

엄마표 바른 글씨 교정 습관

✔ 바른 글씨로 노트 필기를 하는 아이가 공부도 잘합니다. 노트 필기는 뇌의 기능을 활성화할 뿐만 아니라, 정서적인 안정감을 주지요. 그러니 귀찮더라도 아이가 노트 필기를 할 수 있게 응원해 주세요.

✔ 바른 글씨는 평생 가는 재능입니다. 아이에게 나쁜 습관이 들기 전에 초등학교 저학년 때 시작하면 좋습니다.

✔ 바른 글씨는 사회생활에서 자신감을 심어줍니다. 성인이 되어 손 글씨를 쓸 때, 좋은 인상을 줄 수 있으니 악필인 아이는 지금부터 시작하세요. 교정 속도가 느리더라도 자신감을 잃지 않도록 용기를 주세요.

✔ 바른 글씨를 쓰면 장점은 아이의 글쓰기 실력도 향상된다는 점입니다. 또한 글씨 교정 연습을 통해 차분하고 성실한 성격을 기를 수 있습니다.

2장

글씨체를 바로 잡으려면 이것부터 시키세요

연필 쥐는 법부터 책상에 바로 앉는 법까지

글씨 교정 공부는 어떻게 하면 글씨를 바르고 예쁘게 쓰는지를 배우는 공부입니다. 피아노, 태권도, 자전거를 배우는 일처럼 일종의 기술이나 방법을 습득하는 공부라고 할 수 있습니다. 이런 공부의 과정은 일종의 '훈련'과 같지요.

그렇다면 훈련의 시작은 무엇일까요? 어린 시절 태권도나 피아노를 배웠던 때를 떠올려 보세요. 아마 시작은 거의 '자세 잡기'였을 것입니다. 태권도는 주먹을 찌르는 기술을 배우기 전에 바르게 서는 법, 바르게 주먹 쥐는 법을 배웠을 테고, 피아노는 건반을 익히기 전에 바른 자세로 의자에 앉아 손을 건반에 올리는 모양부터 익혔을 테지요.

하지만 어떤 아이는 기본을 배울 때 시작 과정을 소홀히 여기기도 하고, 제대로 하는 데 애를 먹기도 합니다. 왜 굳이 자세를 바르게 잡아야 하는지 의문을 품기까지 하지요. 의문이 풀리지 않으면 괜히 불만을 품고 더 마음대로 하고 싶어합니다. 바른 자세가 아니어도 주먹을 찌르거나 건반을 누르는 데 별다른 어려움이 없는 것처럼 느껴지거든요. 그런데 정말 그럴까요?

제가 6년 전 난생 처음으로 피아노를 배울 때의 일입니다. 선생님이 공을 쥐듯 손 모양을 둥글게 만들어 건반 위에 살짝 올려야 한다고 말했습니다. 선생님은 레슨을 받으러 갈 때마다 자세의 중요성을 매우 강조했고, 제 손 모양이 조금이라도 흐트러지면 번번이 지적했습니다. 언제인가 선생님에게 왜 꼭 그래야 하냐고 물었지요.

질문을 받은 선생님은 적잖이 당황한 눈치였습니다. 주로 어린아이들만 가르쳐 이런 질문은 받은 일이 없었다고 했습니다. 자신에게는 너무 당연한 일이라 굳이 그 이유를 설명할 필요를 못 느꼈는데 질문을 받고 보니 아주 중요한 내용이라고 말했습니다.

"등을 바르게 펴고 손 모양을 둥글게 하는 이유는 사실 아주 단순합니다. 그래야 피아노 소리가 제대로 나기 때문이죠. 또 손목이 아프지 않고 오래 칠 수 있습니다. 피아노는 손끝으로 연주하는 악기예요. 두드리는 소리가 아니라 떨어뜨리는 소리가 나야 예뻐요."

선생님의 대답을 듣고 무릎을 딱 쳤지요. 글씨 쓰기도 마찬가지입니다. 예쁘고 바른 글씨를 제대로 오래 쓰려면 자세부터 바르게 잡아야 합니다. 그렇지 않으면 자모음의 크기나 모양, 조합이 엉성하고 제멋대로가 됩니다. 설령 연필을 엉뚱하게 잡았는데도 바른 글씨가 써진다면 처음 몇 분 정도만 가능하고, 얼마 지나지 않아 힘이 빠져 대충 쓰게 되지요.

일단 바르게 앉는 자세는 중요합니다. 다리를 꼬거나 미끄러지듯 앉거나 등을 너무 구부리면 빨리 피곤해지고 눈도 나빠집니다. 엉덩이와 등을 의자 등받이에 붙인 후 허리를 꼿꼿이 세운 뒤, 등만 살짝 떼 시선에 따라 고개를 자연스럽게 숙인 채로 씁니다. 이때 연필을 잡지 않은 손은 공책 위에 편하게 올려놓습니다.

만약 공책을 반듯하게 놓고 쓰기가 불편하다면 팔의 방향과 평행하게 조금 비스듬히 놓아도 괜찮습니다.

<글씨를 쓰는 바른 자세>

그렇다면 연필은 어떻게 잡아야 할까요?

연필을 잡을 때는 움켜쥐듯 잡지 말고 소금을 집듯이 잡아야 합니다. 세 번째 손가락 첫 번째 마디에 연필을 받친 뒤 ① 엄지와 검지를 바르게 모아 잡습니다. ② 이때 연필심 끝에서부터 2~3cm 정도 되는 곳을 잡도록 합니다. ③ 그러고는 연필의 몸통을 편안히 눕혀 글씨를 씁니다. ④ 이때 손바닥을 바닥에 고정시키고, 연필을 잡은 엄지와 검지의 힘으로 연필을 움직입니다. ⑤ 연필을 바르게 잡은 상태에서 정면을 보면 ⑥ 삼각형 모양입니다.

<연필을 바르게 잡는 법>

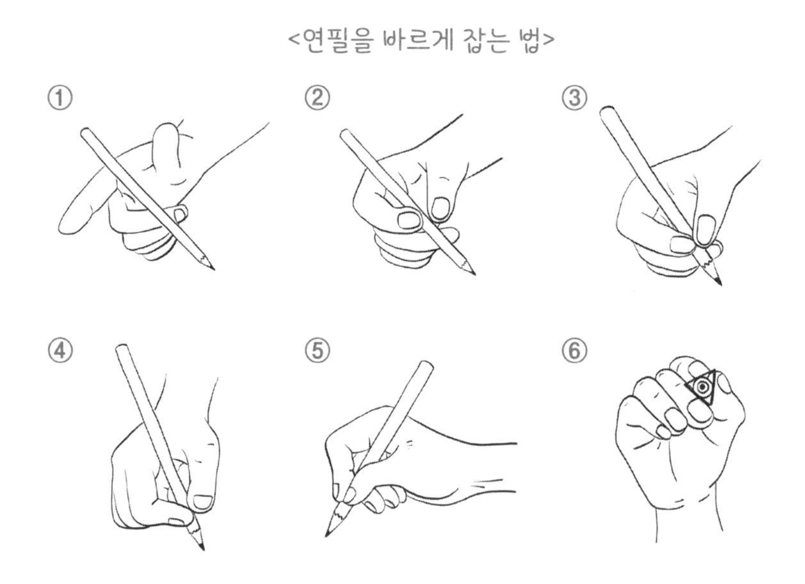

<연필을 잘못 잡은 예시>

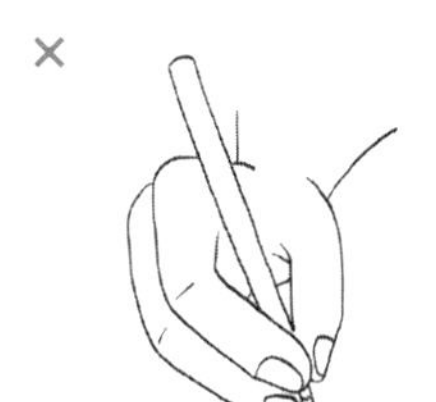

연필을 너무 짧게 잡거나 엄지손가락으로 감싸듯 깊게 잡지 않습니다.

연필을 바르게 잡는 법은 단번에 이루어지지 않기 때문에 글씨를 쓸 때마다 매번 주의하여 지키도록 합니다.

피아노의 아름다운 소리를 내기 위해 피아노 치는 둥근 손의 모양이 필요하듯, 바른 글씨를 쓰기 위해서는 바르게 앉아 바르게 연필을 잡고 쓰는 자세가 필수입니다.

글씨 쓰기 짝꿍,
필기구와 먼저 친해지기

글씨를 쓰는 데는 도구가 필요합니다. 가장 널리 이용되는 도구는 두말할 필요도 없이 연필과 공책이지요. 연필과 공책으로 글씨 연습을 하는 만큼 친근감을 가지고 도구에 익숙해져야 합니다. 그러나 아이들 중에는 연필과 공책에 친근감은커녕 오히려 적대감을 갖는 경우가 적지 않습니다. 이럴 때, 어떻게 접근해야 할까요?

지원이는 똑똑한 아이였습니다. 처음 만났을 때가 여덟 살이었는데, 책을 무척이나 많이 읽어서인지 초등학교 고학년 정도 되어야 알 법한 지식을 정확하고 논리적으로 척척 설명했습니다. 누가 보아도 분명 또래보다 뛰어났지요.

하지만 예상치 못한 점이 하나 있었습니다. 글씨를 지독히도 못 쓴다는 점이었습니다. 지원이가 쓴 글씨는 그냥 못 쓴 정도가 아니라, 자음과 모음이 다 따로 놀고 글자가 줄과 칸에서 벗어나 제멋대로였습니다.

저는 이것이 습관으로 굳어지지 않도록 매번 주의를 주었습니다. 동시에 한 글자 한 글자 어떻게 써야 하는지 방법을 알려 주며 함께 연습하기도 했습니다. 하지만 지원이는 좀처럼 자신의 태도를 바꾸지 않았습니다. 계속해서 연필심을 뚝뚝 부러뜨리고 공책 아무 곳에나 낙서를 했지요. 저는 변하지 않는 아이의 모습에 지도를 멈추고 대체 무슨 사연이 있는지 알아내기로 했습니다.

연필을 못살게 구는 아이

시간을 두고 지원이를 찬찬히 관찰했습니다. 지원이의 글씨체에 집중하기보다 글씨를 쓰는 태도, 연필과 공책을 대하는 모습을 살펴보았지요. 지원이가 글씨를 아무렇게나 휘갈겨 쓰고 공책에 필기를 마구하는 모습 속에서 지원이의 속마음이 보였습니다. 지원이는 연필과 공책에게 화를 내고 있었지요. 순간 저는 지원이의 마음속에 내재된 분노가 연필과 공책에 투사되었음을 직관적으로 느꼈습니다. 지원이에게 물었습니다.

"지원아, 왜 그렇게 연필을 못살게 굴어?"

"연필을 잡으면 화가 나요."

"아, 그렇구나. 글씨를 언제 배웠어? 누가 가르쳐 주셨어?"

"네 살 때 할머니가요."

저는 지원이 어머니에게서 이때의 일을 자세히 듣게 되었습니다.

지원이 부모님은 맞벌이라 지원이가 갓난쟁이 때부터 할머니 손에 자랐다고 합니다. 할머니는 교육에 관심이 많고 공부에 엄격한 편이라 지원이가 책을 읽으며 스스로 글자를 깨치자 서둘러 글자 쓰기를 가르쳤다고 합니다. 이 과정에서 지원이가 틀리면 지우개로 박박 지우며 다시 쓰라고 하고, 몇 번 기회를 주었는데도 제대로 쓰지 못하면 때론 회초리를 들기도 했다지요.

이야기를 들으며 마음이 아팠습니다. 지원이는 글씨를 제대로 못 쓴다는 죄책감을 갖는 동시에, 자신을 야단치는 할머니를 미워할 수 없기에 자신의 감정을 연필과 공책에 투사했던 것이지요.

여전히 연필심을 뚝뚝 부러뜨리며 글씨를 쓰는 지원이에게 조용히 말했습니다.

"네 살은 아직 너무 어려서 누구여도 글씨를 예쁘게 쓸 수 없어. 네가 못 쓴 게 아니야. 할머니가 그때 그 사실을 알았더라면 좋았을 걸."

공책을 뚫을 듯이 꾹꾹 눌러 쓰던 지원이가 연필을 세게 움켜쥔 손의 힘을 스르르 풀었습니다.

이후 지원이가 연필과 공책을 못살게 구는 일이 점점 줄어들었습니다. 저는 지원이가 필기구에 좀 더 친근감을 갖고 익숙해지도록 몇 가지 놀이를 함께 하였습니다. 공책을 펼치고 점을 찍어 삼각형을 만드는 놀이라든지, 연필을 돌리는 묘기(?) 등을 보여 주었지요. 그러면서 지원이는 연필과 공책을 향한 나쁜 감정을 하나둘 떨쳐냈습니다.

<연필 돌리기 놀이와 삼각형 그리기 놀이>

제가 이 이야기를 들려드린 이유는 다음의 세 가지를 전하기 위해서입니다.

첫째, 글씨 교정을 할 때 아이를 칭찬하고 격려하며 지도하세요. 잘 쓴 부분을 칭찬하고 못 쓴 부분은 어떤 점에 주의해야 하는지 부드럽게 말해 주세요.

글자 쓰기를 배울 때 권위주의적이고 엄격한 분위기 속에서 배운 아이는 쓰기 자체를 거부할 수 있으니 상처나 트라우마를 남기면 안 됩니다. 뭐든 처음부터 잘하는 사람은 거의 없다는 사실과 꾸준히 하면 절대 잘할 수 없을 것 같은 일도 잘하게 된다는 확신을 심어 주세요.

둘째, 재미있는 놀이를 통해 연필과 공책에 친근감을 갖고 이를 사용하는 것에 익숙해지도록 합니다. 연필을 대충 잡는 아이나 연필 잡기 자체를 꺼려하는 아이를 위해서 연필 돌리기, 연필 주사위 놀이, 삼각형 그리기 놀이 등을 하며 즐겁게 접근해 보세요.

연필 돌리기는 연필을 손가락 사이에 끼워 수평 또는 수직으로 돌리는 거지요. 아이들에게 보여 주면 마술을 보듯 금세 흥미로워하며 자신에게도 가르쳐 달라고 합니다.또한 연필 돌리기는 뇌를 활성화하여 학습 의욕을 자극한다고도 하지요.

연필 주사위 놀이는 각진 연필 기둥의 각 면에 1부터 6까지 숫자를 써서 주사위 놀이 하듯 노는 방법입니다. 해당 연필을 굴려 큰 숫자가 나온 사람이 이기는 놀이로, 연필로 즐겁게 노니 연필과 절로 친근해지겠지요.

삼각형 그리기 놀이는 공책을 여백 없이 채우는 놀이입니다. 공책에 점을 듬성듬성 찍은 다음 번갈아가며 두 점을 잇는 선분을 그으며 삼각형을 만듭니다. 글씨 연습이나 글쓰기를 하다가 아이들이 지루해하면 종종 하는데, 분위기 전환에 그만입니다.

다양한 놀이를 통해 아이가 필기구와 친해졌다면, 이제 연필과 공책을 준비하세요. 그리고 아이와 함께 글씨 교정 공부를 시작합니다.

공책은 사각형 모눈 표시가 된 공책이나 아예 모눈 노트를 준비합니다. 저학년 아이들은 사각 노트에, 고학년 아이들은 모눈 노트(5mm)를 활용합니다. 그리고 저학년과 고학년 모두 연필은 부드러운 B나 2B를 추천합니다.

<모눈 공책>

가	나	다	라	마	바	사
가	나	다	라	마	바	사
가	나	다	라	마	바	사

<연필 종류>

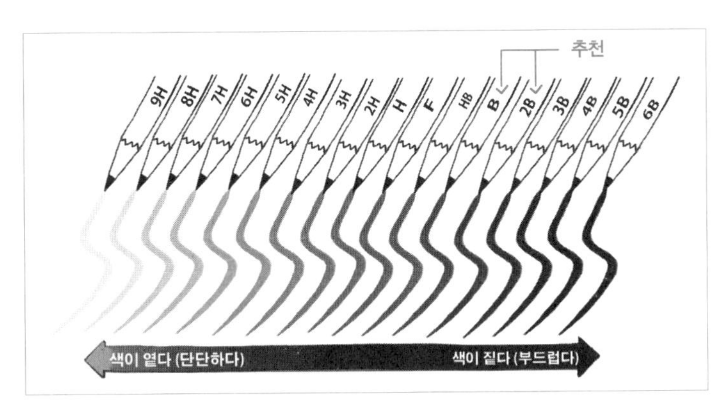

화려한 서체보다 기본에 집중해야 하는 이유

저희 어머니는 글쓰기를 좋아하고, 또 즐기는 편입니다. 아주 사소한 계획이나 약속도 메모하며, 매일 가계부를 쓰고, 일기도 거의 빠지지 않고 씁니다. 가족이나 친구들에게 종종 손편지를 쓰기도 하고, 가끔 일상에서 특별한 단상들이 떠오를 때면 이 또한 놓치지 않고 적어 둡니다.

이렇게 글쓰기를 즐기면 왠지 글씨도 잘 쓸 것 같다는 생각이 듭니다. 하지만 글씨는 생각보다 못 쓰는 편입니다. 글을 쓰는 모습을 보면 분명 한 자 한 자 정성을 다해 쓰는데 다 쓴 글을 보면 획이 모두 기울어지고 간격이 벌어져 있습니다.

<어머니의 손 글씨>

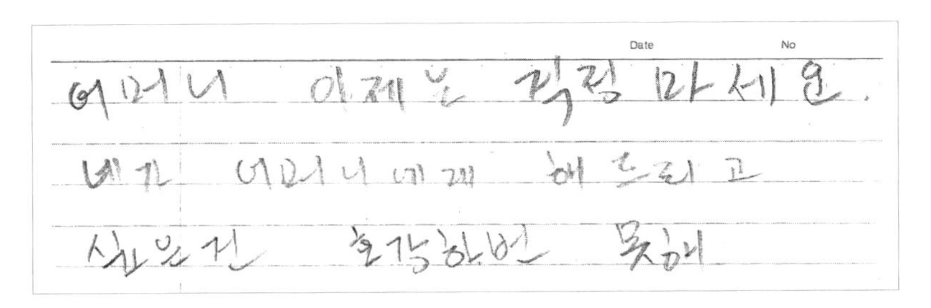
Date No

어머니 이제는 걱정 마세요.
내가 어머니에게 해드리고
싶은건 호강하면 못해

어느 날 저는 어머니에게 왜 글씨를 그렇게 쓰는지 물어보았습니다. 어머니의 글씨를 지적하려는 의도가 아니라, 어쩌다가 지금의 글씨체로 굳어졌는지 궁금했습니다. 저는 어머니가 '글씨 연습을 소홀히 했다'라고 대답할 거라 생각했습니다. 제 생각에 못난 글씨가 못 고쳐지는 이유는 교정 연습을 하지 않았기 때문이거든요. 그런데 어머니는 뜻밖의 대답을 했습니다.

"여고 시절에 멋 부리면서 쓰는 게 유행이었는데, 그때 남들처럼 멋 부리며 쓰다가 글씨가 이도 저도 아닌 상태가 되었다. 멋 부리는 습관이 남아 있어서 그런지 바르게 쓰려고 해도 잘 안 되더구나."

멋 부리면서 글씨를 써서 못난 글씨체로 굳어졌다는 설명이었습니다. 순간 글씨체에 대한 의문 하나가 풀리는 느낌을 받았습니다. 그러고 보니 글씨체의 기본기를 다지기도 전에 POP 글씨나 캘리그래피를 배운 아이들의 손 글씨를 보면 전체적으로 조화롭지 못했거든요. 캘리그래피처럼 첫 글자를 강조하여 쓴다든지, 동그라미를 일부러 작거나 크게 쓴다든지 원래 한글의 기본 모양과 달랐습니다.

<멋 부리며 쓴 아이의 글씨체>

영웅이의 점을 칭

왜냐면 원래는 친구

절하지 않지만 선

말씀을 듣고 나니

이제는 친구에게

멋 부린 글씨가 아니라 바른 글씨로

POP 글씨는 판촉을 위한 상품 홍보 글씨체를 말하고, 캘리그래피는 글씨를 아름답게 쓰는 기술을 말합니다. 소위 '멋 부린 글씨'들이지요. POP 글씨는 소비자의 시선을 끌기 위해 보통 자음을 큼직하게 강조하여 쓰고, 캘리그래피는 예술적인 느낌을 주기 위해 선을 흘려 쓰거나 리드미컬하게 씁니다.

처음에 기본 선을 긋는 연습은 일반 손 글씨와 비슷하지만, 자음과 모음부터 다른 모습을 띕니다. 일반 손 글씨는 기본적으로 획을 수평이나 수직으로 긋는데 반하여, POP 글씨는 조금 비스듬하게 긋습니다. 그리고 자음은 크게, 모음은 작게 쓰지요. 캘리그래피는 자음의 선이든 모음의 선이든 길이를 더 늘려 쓰는 경우가 많습니다. 그리고 동그라미를 작게 쓰는 편입니다.

<pop 글씨 예시> <캘리그래피 예시>

POP 글씨와 캘리그래피는 배우는 과정이 매우 흥미롭습니다. 예술 작품을 창작하듯 흥이 절로 나지요. 하지만 이를 배웠다고 하여 일반적인 손 글씨를 잘 쓰게 되는 것은 아닙니다. 오히려 이에 치중하다 보면 손 글씨의 기본 습관이 들여지지 않아 일반적으로는 못난 글씨를 쓸 수 있습니다. 흔히 조화롭지 않은 글씨가 됩니다.

손 글씨에서 기본을 강조하는 이유가 바로 이것입니다. 기본을 잘 갖추고 난 뒤, POP 글씨나 캘리그래피를 배우면 일반 글씨도 잘 쓰고, 예술적인 글씨도 잘 쓸 수 있겠지요. 하지만 기본 없이 예술적인 글씨만 배우면 결국 어느 것도 제대로 쓰지 못할 수 있습니다.

손 글씨 교정은 기본에서 시작하여 기본으로 돌아가는 훈련입니다. 아이가 멋 부리는 글씨로 모든 글씨 습관을 망치기 전에 선, 자음, 모음, 낱글자 하나하나를 반듯하게 잘 쓰고 있는지 확인해 보세요.

자음과 모음부터 제대로 살펴야 한다

요즘에는 아이들이 영어를 배우는 시기가 점점 더 빨라지고 있습니다. 예전과 다르게 초등학교 입학 전에 알파벳을 떼는 아이들도 생각보다 많습니다. 그런데 영어를 일찍 배우는 아이들의 부모에게서 자주 이런 말을 듣습니다.

"선생님, 우리 아이가 영어는 잘 쓰는데 한글 쓰기가 안 돼요. 글자도 많이 틀리고 글씨도 엉망이에요."

부모가 생각하기에 영어는 외국어이고, 한글은 우리말이니 당연히 한글을 더 잘 써야 할 것 같은데 영어 알파벳을 더 잘 쓰니 이상하게 생각될

법도 합니다. 그런데 한글 글자와 영어 글자가 어떻게 만들어지는지 비교해 보면 그렇게 이상한 문제가 아닙니다. 다음 두 단어를 비교해 볼까요?

seesaw 시소

위에서 보듯 영어는 알파벳을 가로로 나열하여 글자를 만듭니다. s, e, e, s, a, w를 순서대로 나란히 적기만 하면 'seesaw'라는 글자가 만들어지지요. 한 낱말 안에서 각 자음과 모음의 모양이나 크기가 달라지지 않았습니다.

그래서 영어로 글을 쓸 때는 ABC 알파벳을 모두 배운 후 해당 단어의 자음과 모음을 나란히 적기만 하면 됩니다. 다만, 문장의 시작이나 고유명사의 첫 자를 대문자로 써야 하는 규칙이 있기 때문에 대문자와 소문자를 함께 배워야 하는 번거로움이 있습니다. 하지만 이 경우도 소문자를 크게 쓰는 것이 아니라 아예 대문자를 따로 배워 쓰면 되기 때문에 소문자 자음과 모음 자체의 크기나 모양이 변하지는 않습니다.

반면, 한글은 어떤가요? '시'는 자음과 모음을 가로로 결합하여 만들어졌고, '소'는 자음과 모음을 세로로 결합하여 만들어졌습니다. 두 글자가 같은 'ㅅ'을 썼지만 크기와 모양은 다릅니다. 영어와 달리, 한 단어 안에서도 벌써 자음과 모음의 크기와 모양이 다르지요.

게다가 한글은 받침이 있는 글자도 많습니다. 받침은 말 그대로 맨아래 적는 글자입니다. 받침이 들어간 글자의 자음과 모음은 더 작게 써야 합니다. 그래서 자음과 모음을 다 배워도 글자를 쓸 때는 자음과 모음이 어떻게 결합되었는지에 따라 크기와 모양을 적절히 조절해야 합니다.

아이가 한글을 먼저 익혀야 하는 이유

자, 이제 영어 알파벳으로 글자를 만드는 것과 한글 자모음으로 글자를 만드는 것이 어떻게 다른지 알겠지요? 글자의 결합이 다르기 때문에 한글 쓰기가 더 복잡하고 어렵게 느껴지지요. 한글 글자는 자음과 모음이 상하좌우로 결합되어 '각'처럼 한 글자 안에서도 'ㄱ'의 모양과 크기가 달라집니다.

이런 이유 때문에 영어 알파벳을 먼저 배운 아이가 한글 글자를 잘 쓰리라 기대하는 것은 무리라는 결론이 내려집니다. 영어 알파벳을 먼저 익히면 오히려 한글을 익히는 일에 방해가 될 수 있습니다. 영어에서 자음과 모음을 일정한 크기와 모양으로 나란히 쓰던 습관으로 한글 글자를 쓰게 되면, 작게 써야 할 부분과 크게 써야 할 부분이 제대로 분간이 안 되고 비슷한 크기로 써서 글자가 이상해지지요.

웬만하면 아이가 영어 알파벳보다 한글을 먼저 익힐 수 있도록 합니다. 어려운 글자 조합인 한글을 능란하게 쓸 수 있다면, 모양과 크기에 변화를 주지 않고 일렬로 배열하기만 하는 알파벳은 더욱 쉽게 쓸 수 있을 것입니다.

천천히, 정확하게, 진하게 써 보는 연습

아이들을 가르칠 때, 해서는 안 되는 말이 있습니다.

"빨리빨리 해."
"왜 이렇게 늦게 하니?"

특히 지식이나 기술을 가르칠 때는 아이가 차근차근 성실히 배우고 익힐 수 있도록 해야 합니다. 빨리 해치우겠다는 급한 마음을 자극하지 말고 느리더라도 정확하게 하겠다는 여유 있는 마음을 북돋아 주어야지요.

글자를 배우는 일도 글자를 읽거나 행동을 흉내 낸다는 의미가 아니라 내용과 방식을 '체화'한다는 뜻이기 때문입니다. 체화는 생각이 몸에 배어서 완전히 자기 것이 된다는 뜻입니다. 이렇게 지식과 기술이 몸과 마음에 배어야 비로소 온전한 배움이 일어났다고 말할 수 있지요.

글씨 연습도 마찬가지입니다. 아이들에게 글씨체 교정 워크북을 주고 따라 쓰게 하면 무엇이 그리 급한지 후다닥 써 버립니다. 그러고는 글씨체가 바뀌지 않았다고 투덜대지요. 이런 방식으로 연습하면 백 날 천 날을 연습해도 글씨체는 교정되지 않습니다. '급히 먹는 밥이 목이 멘다'라는 말처럼 너무 급히 서두르면 실수하고 실패하는 법이거든요.

피아노를 처음 배울 때 강사들이 입이 닳도록 강조하는 것이 있습니다. 바르게 잡는 자세와 더불어 건반을 칠 때 '천천히 느리게 한 음 한 음' 치라는 것입니다. 배우기 시작할 때부터 빨리 치면 나중에도 빨리 치는 습관이 드는데, 처음부터 천천히 치는 법을 익히면, 빨리 치거나 천천히 치는 법을 둘다 익힐 수 있다고 합니다. 무엇보다 빨리 치면 정확성이 떨어져 박자를 놓치거나 틀리게 칠 확률이 높은 반면, 천천히 치면 처음부터 바르고 정확하게 칠 수 있다고 하지요. 처음에 틀리게 치면 희한하게 그다음에도 같은 곳을 계속 틀리게 된다고 합니다.

아이들에게 글쓰기를 가르치면서 비슷한 모습을 많이 보았습니다. 맞춤법과 띄어쓰기를 처음에 잘못 배운 아이는 아무리 제대로 가르쳐 주고 암기를 시켜도 또 틀리고 잘못 썼습니다. 글씨 교정도 그렇고요. 처음 배울 때부터 흘려 쓴 아이는 계속 흘려 쓰고, 처음부터 동그라미를 완벽하게 그리지 않는 아이는 그다음에도 완성되지 않은 동그라미를 그렸습니다.

한 획 한 획, 천천히 나아가기

글씨 연습은 대충 흉내 내면 된다고 생각하면 오산입니다. 정확하게 한 획 한 획을 그어야 합니다. 피아노 건반을 한 음 한 음 누르는 것처럼 말이지요. 글씨 교정 워크북이 있다면 거기에 나온 글자들을 정확하게 따라 쓰게 하고, 혼자 빈 공책에 연습한다면 모양과 크기에 주의하며 정확한 획을 쓰도록 합니다.

이렇게 정확하게 쓰려면 처음에는 당연히 느릴 수밖에 없겠지요. 천천히 한 획 한 획, 한 자 한 자 쓰면서 눈과 손의 협응력을 함께 키우도록 지도해야 합니다. 아이가 예쁜 글씨를 체화하는 과정이지요. 그러면 나중에 자연스레 속도가 붙었을 때 빨리 써도 웬만하면 글씨가 흐트러지지 않고 못 썼다는 느낌도 별로 못 받을 것입니다.

아이의 글씨 연습은 결국 글씨를 정확하게 쓰는 법을 익히는 일입니다. 이를 위해 글씨를 천천히 쓰라고 하는 것이지요. 또 한 가지 도움이 될 만한 팁을 드린다면, 아이가 글씨 연습을 할 때는 진하게 쓰도록 지도하세요. 그러면 연필을 잡은 엄지와 검지 손끝에 힘이 들어가 획을 연결하여 흘려 쓰지 않고 또박또박 끊어서 바르게 쓸 수 있습니다. 이때 아이에게 진하게 쓸 때 어디에 어느 정도의 힘이 들어가는지 느끼도록 합니다. 손의 느낌을 알아야 글을 쓸 때 그와 같이 적당히 힘을 주어 쓸 수 있습니다. 못 쓴 글씨의 공통점 중 하나는 글씨가 가늘고 날림이라는 것이지요.

이제 아이에게 글씨체 교정을 할 때 어떤 지침을 주며 격려하고 마음을 북돋아야 하는지 알겠지요? 다음의 말을 기억하세요.

"급할 것 없어. 천천히 쓰렴. 정확하게 진하게. 빨리 쓰는 것보다 정확하게 쓰는 게 중요해."

엄마표 바른 글씨 교정 습관

- 태권도, 피아노 등 모든 훈련의 기본은 '바른 자세'입니다. 글씨 쓰기도 마찬가지입니다. 바른 자세가 바른 글씨를 만듭니다.

- 처음부터 잘 하는 아이는 없습니다. 아이가 글씨 쓰기에 흥미를 잃지 않도록 부드러운 분위기 속에서 지도해 주세요.

- POP 글씨나 캘리그래피와 같이 멋 부리는 글씨체는 기본부터 배운 후 익히게 하세요.

- 알파벳보다 한글을 먼저 익혀야 합니다. 한글의 자음, 모음의 결합 원리를 이해하고 나면 영어의 알파벳 나열식 쓰기도 금세 익히게 될 것입니다.

- 아이가 글씨 연습은 천천히, 정확하게 하도록 지도해 주세요. 빨리 쓰는 것보다 정확하게 쓰는 것이 중요합니다.

3장

예쁜 글씨는 1mm의 차이로 결정 납니다

바른 글씨체를 만드는 다섯 가지 비밀

외국인들에게 한글에 대한 첫인상을 물으면 "도형 같다", "귀엽다"라는 대답이 가장 많이 나온다고 합니다. 한글 자모음은 모두 직선과 원으로 구성되어 있어서 도형의 느낌이 많이 나지요. 그림을 그린다고 말하는 외국인도 있습니다.

여기에 한글을 예쁘게 쓰는 비밀이 있습니다. 도형 같은 모양의 한글을 예쁘게 쓰려면 정말 도형 같은 느낌으로 쓰면 됩니다. 선은 곧게 긋고, 동그라미는 온전한 모양으로 그리는 것이지요. 만약 이를 지키지 않고 선을 기울어지게 쓰거나 원을 대충 그리면 대체로 글씨가 못나 보입니다. 이 외에도 한글 글씨를 예쁘게 쓰기 위한 몇 가지 주의사항이 있습니다. 다음 글씨를 통해 알아볼까요?

<못난 글씨의 예시>

위 글씨는 한눈에 보아도 못쓴 글씨입니다. 획은 거의 다 기울어져 대충 그었고, 자음과 모음의 크기는 조화롭지 못합니다. 구체적으로 어떤 점 때문에 못나 보이는지 다섯 가지 기준을 통해 알아보겠습니다.

획, 동그라미, 간격, 크기, 높이에 주의하라

첫째, 글씨의 기본이 되는 획이 바르지 못합니다. 가로획은 수평으로, 세로획은 수직으로 곧게 그어야 하는데 사선처럼 기울어져 있습니다. 그리고 획을 그을 때는 처음부터 끝까지 일정한 힘을 주어 죽 그어야 하는데, 위 글씨는 힘을 빼고 날리듯 썼습니다. 획의 끝부분이 흘려 쓴 것처럼 되어 있지요.

둘째, 동그라미가 온전하지 못합니다. 대체로 조금씩 찌그러져 있고 시작하는 지점과 끝나는 지점이 정확히 연결되지 않았습니다. 동그라미의 끝 처리를 제대로 못한 것이지요. 그래서 끝가지 연결하지 못한 동그라미도 보입니다.

셋째, 간격이 일정하지 않습니다. 자음과 모음의 간격, 글자와 글자의 간격, 단어와 단어의 띄어쓰기 간격이 어떤 것은 좁고 어떤 것은 넓습니다. 글자 '반'에서 'ㅂ'과 'ㅏ'가 너무 붙었고, 어절 '반을'과 '환하게'는 너무 띄어 썼습니다. 단어 '어두운'은 각 글자 사이가 너무 벌어졌고, 반대로 '비추어'는 좁습니다.

넷째, 글자 크기가 고르지 않습니다. 한 단어 안에서 글자 크기가 전체적으로 비슷해야 보기에 좋습니다. 받침이 있는 글자든 없는 글자든 말입니다. 그러나 앞의 글에서 '비추어'를 보면 '어'가 나머지 두 글자보다 작지요. 그리고 '환하게'에서도 '환'과 '하'가 '게'보다 크게 쓰였습니다.

다섯째, 높이가 맞지 않습니다. 줄을 맞추지 않았고, 각 글자의 높이가 들쑥날쑥합니다. '환하게'를 보면 '환'은 아래로 낮게, '하'는 위로 높게 쓰여 있습니다.

이상의 다섯 가지 문제는 동시에 예쁜 글씨를 쓸 때 지켜야 하는 기준이기도 합니다. 결국 획, 동그라미, 간격, 크기, 높이에 주의해야 하지요. 획은 곧게, 동그라미는 찌그러지거나 연결하지 못한 곳 없이 둥글게, 자음과 모음, 글자와 글자, 단어와 단어 사이의 간격은 일정하게, 글자 크기는 전체적으로 고르게, 글자 높이는 위아래를 맞춰서 써야 합니다.

다음은 다섯 가지 기준에 주의하여 다시 써 본 글입니다. 이전 글씨와 비교하여 전체적인 조화와 균형이 어떤지 확인해 보세요.

<다섯 가지 기준에 맞게 쓴 바른 글씨>

어두운 우리 반을 환하게 비추어

이제 아이에게 바른 글씨를 쓰도록 가르칠 때, 제시한 다섯 가지 기준을 중점으로 볼 수 있겠지요? 실제 제가 현장에서 아이들의 글씨 교정을 봐줄 때 쓰는 핵심 기준이기도 합니다. 이 기준들을 적용하여 아이의 글씨 교정에 구체적인 도움을 주세요.

연습할 때는 꺾어 쓰지 않아도 된다

아이가 글을 쓰다 말고 한숨을 푹 쉬었습니다.

"아휴, 힘들어."

무엇 때문인가 들여다보니 글씨를 쓰는 것이 어지간히 힘든 모양이었습니다.

"찬이야, 그렇게까지 너무 또박또박 쓰지 않아도 돼. 선만 똑바로 긋고 글자 크기만 잘 맞춰 쓰렴."

"안 돼요. 담임 선생님이 꼭 꺾어 써야 한다고 했단 말이에요."

아이 입에서 '담임 선생님'이라는 말이 튀어나오자 더는 할 말이 없었습니다. 학교 과제이니만큼 담임 선생님의 말씀은 곧 원칙이자 평가 기준이 되니까요.

융통성 있는 글씨 쓰기 지도법

제가 글씨 쓰기를 가르칠 때 반드시 지키는 원칙은 '꼭 꺾어 쓸 필요는 없다, 바른 획으로 깔끔하게 쓰는 것이 중요하다'입니다. 하지만 여전히 학교에서는 많은 선생님이 책의 글씨와 같은 명조체를 가르칩니다. 무엇보다 초등 저학년 국어 교과서에 그렇게 지도하도록 제시되었습니다. 이를 반드시 따를 필요는 없지만, 교과서가 학습의 기준이 되는 상황에서 외면하기도 어렵습니다.

하지만 찬이의 경우처럼 명조체는 많은 아이가 어려워하고 부담을 느끼는 글씨체입니다. '관성의 법칙'이라고 들어보았지요? 이는 운동하는 물체가 운동 상태를 지속하려는 성질입니다. 그런데 명조체는 작은 획을 찍은 뒤 방향을 조금 바꿔 선을 그어 쓰기 때문에 운동 상태를 바꾸기 위한 힘이 더 들어갑니다. 그러니 아이 입에서 팔이 아프다는 말이 절로 나오지요.

그러면 어떻게 해야 할까요? 이유를 불문하고 아이들에게 꺾어 쓰기를 지도해야 할까요?

이럴 때 부모는 융통성을 발휘해야 합니다. 획을 처음부터 끝까지 단정하게 내려쓰는 글씨체와 한번 꺾어서 쓰는 글씨체를 모두 가르치되 효율적인 방식을 고민해야 합니다.

소근육 발달이 더디고 손과 눈의 협응력 또한 부족한 아이에게는 획을 꺾지 않고 곧게 그어 쓰는 글씨체부터 연습을 시킵니다. 이를 충분히 연습시켜 소근육을 발달시키고 협응력을 키운 뒤 명조체 글씨를 쓰도록 해야 합니다.

이와는 반대로 소근육이 잘 발달하여 연필을 잡는 모양이나 글씨를 쓰는 모양새가 예사롭지 않다면 기본 획만 알려 주고 바로 명조체 글씨를 가르쳐도 무방합니다. 오히려 아이 입장에서는 도전이라고 여겨 흥미롭게 연습에 임할 수 있습니다.

아이에게 꺾어 쓰기, 곧 명조체를 가르칠 때도 먼저 획을 올바르게 긋도록 지도해야 합니다. 저는 "머리를 찍고 곧은 선을 그려라"라고 말합니다. 몇 가지 방법에 주의하며 지도하면 아이가 그리 어렵지 않게 따라할 수 있을 것입니다.

<꺾어 쓰는 명조체의 세로획과 가로획>

제시된 그림처럼 획을 시작할 때 머리를 살짝 기울여 찍은 뒤 선을 곧게 긋도록 합니다. 그다음 세로획은 천천히 떼면서 끝이 살짝 뾰족한 느낌이 들게 쓰고, 가로획은 선 긋기를 멈추었다가 바로 떼어냅니다. 이 두 획을 기본으로 익히고 나서야 본격적으로 글자 연습을 할 수 있습니다.

획순을 꼭 지켜서 써야 하는 이유

최근에 초등학교 5학년 아이를 가르치며 깜짝 놀랐던 일이 있었습니다. 아이가 말을 조리 있게 잘하며 나름 깊이 생각하는 듯하여 글도 잘 쓰겠다는 기대를 했습니다. 아니나 다를까 아이는 어려움 없이 글을 술술 잘 썼습니다.

그런데 아이의 글씨가 좀 이상했지요. 정확히 말하면 글씨를 쓰는 순서가 뒤죽박죽이었습니다.

처음에는 아이가 일부러 그런다고 생각했습니다. 글을 쓰는 것은 고된 면이 있기에 아이가 나름의 재미있는 방법으로 극복하는 것이라고 말이지요. 하지만 아이는 글을 쓰는 내내 거의 모든 글자의 획순을 제대로 지키지 않았습니다. 의아하여 아이에게 물어보았습니다.

"예서야, 글씨 쓰는 순서를 왜 그렇게 하는지 물어 봐도 되니?"

"어렸을 때 언니가 쓰는 거 따라 하다 보니까 이렇게 되었어요."

획순이 바른 글씨를 좌우한다

저는 예서가 쓴 글을 보며 글씨를 바르게 쓰는 것과 획순을 지키는 것이 얼마나 밀접한 관계가 있는지 다시 한 번 확인했습니다. 다음은 예서의 노트 필기입니다.

<예서의 글씨>

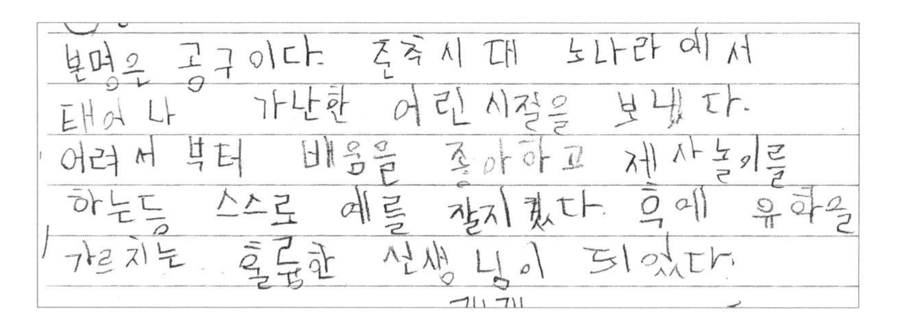
본명은 공구이다. 춘추 시대 노나라에서
태어나 가난한 어린 시절을 보냈다.
어려서부터 배움을 좋아하고 제사놀이를
하는등 스스로 예를 잘지켰다. 후에 유학을
가르치는 훌륭한 선생님이 되었다.

예서의 글씨를 찬찬히 들여다보면, 획마다 나름 정성을 들여 곧게 쓰려고 노력한 점이 느껴집니다. 각 글자의 크기도 일정한 편입니다. 하지만 이제 막 글자를 배운 아이가 쓴 글씨처럼 각 글자의 위치가 고르지 않지요. 정확히 말하면 각 획의 위치가 어정쩡하고 길이가 뒤죽박죽입니다. 그래서 자음과 모음 사이의 간격이 어떤 것은 좁았다, 어떤 것은 넓었다 하며, 글자와 글자 사이의 간격 또한 벌어져 전체적으로 초점이 분산되지요.

구체적으로 '명'이라는 글자를 찾아보세요. 어떤가요? 'ㅕ'의 가로획이 지나치게 짧고 길이도 다르지요. 획순을 지키지 않고 쓴 글자라 그렇습니다. 예서는 짧은 가로획을 두 번 그은 뒤 세로획을 긋지 않고, 세로획을 그은 뒤 나중에 가로획을 그었습니다.

예서는 특히 모음의 획순을 거의 지키지 않았습니다. 'ㅏ'를 쓰든 'ㅓ'를 쓰든 긴 획을 먼저 긋고 짧은 획을 그었지요. 다른 모음에서도 비슷한 문제가 발견됩니다. 모음의 짧은 획들이 대체로 평균보다 더 짧고 대충 그은 것이지요.

예서뿐만 아니라 제 주변 아이들 중에는 획순을 지키지 않고 마음대로 쓰는 아이들이 있습니다. 초등학교 고학년인데도 아이들의 글씨가 대체로 예서의 글씨와 비슷한 모양새입니다. 글자 사이의 간격은 벌어졌고, 모음의 획은 길이가 일관되지 않으며, 이중모음을 특히 못 씁니다.

아이들이 글씨를 쓸 때 획순을 꼭 지켜야 하는 이유는, 각 글자가 제대로 자리를 잡고 자음과 모음, 글자와 글자가 서로 어우러지도록 하기 위해서입니다. 획순을 지키지 않으면 이러한 균형이 다 깨져 버립니다. 자음과 모음, 그리고 글자들이 제 위치에 있지 못하고 들쑥날쑥 뒤죽박죽

있는 것이지요.

그래서 아이가 글씨체 교정을 할 때 단순히 모양만 그럴 듯하게 따라 쓰게 하지 말고 획순에 주의하여 바르게 쓰도록 지도해야 합니다. 각 획이 시작하는 위치를 잘 잡도록 도와주세요.

대충 써서는
글씨체를 바꿀 수 없다

'신은 디테일에 있다'라는 말이 있습니다. 사소한 차이가 결정적인 차이를 만든다는 뜻입니다. 저는 이 말을 10여 년 전 새 책을 출간하며 실감했습니다.

제 책을 여러 권 출간한 출판사에서 벌어진 일입니다. 새로 출간될 책의 디자인을 기존 디자이너가 아닌 새로운 디자이너에게 맡겼습니다. 새로운 느낌을 주기 위해서였지요. 두근대는 마음으로 새 디자이너가 구상한 샘플 디자인을 받아보았습니다.

그런데 어딘가 모르게 마음에 들지 않았습니다. 왜 마음이 들지 않는지 구체적인 이유는 말할 수 없었지만 무엇인가 어색하다는 느낌, 조화롭지 않다는 느낌이 들었습니다.

이때 편집장이 왜 그런 느낌을 받는지 말해 주었지요.

"책 디자인이 겉으로는 다 비슷해 보여도 1mm의 차이가 있습니다. 테두리를 1mm 더 늘리느냐 줄이느냐에 따라 느낌이 완전히 달라집니다."

이 말을 듣고 저는 고개를 크게 끄덕였습니다. 미세한 차이가 결정적 차이를 만든다는 데 동의했던 것이었지요.

1mm의 차이가 글씨의 디테일을 만든다

예쁜 글씨체도 마찬가지입니다. 사소한 것이 차이를 만듭니다. 아래의 자음의 크기와 모양을 비교해 보세요.

이미지 속 자음들은 모두 같은 ㅁ(미음)입니다. 그런데 미세한 차이가 있습니다. ②의 ㅁ은 오른쪽 아래 모서리가 조금 뾰족하게 나와 있고, ③의 ㅁ은 왼쪽 위 모서리가 완벽히 연결되지 않았습니다. ④의 ㅁ은 오른쪽 아래 모서리의 선들이 삐죽 나와 서로 교차되고 있고요.

각 ㅁ의 차이는 모두 1mm 내외에서 나타나지만, 우리는 여기서 제대로 쓴 ㅁ과 그렇지 않은 ㅁ을 바로 분간할 수 있습니다. ②번과 ③번, ④번은 제대로 쓴 ㅁ이 아니지요. 심지어 대충 쓴 느낌까지 듭니다.

이렇게 작은 차이가 잘 쓴 글씨와 못 쓴 글씨를 만들기에 글씨 연습을 할 때 사소한 것에도 좀 더 주의를 기울여야 합니다. 중간에 획 긋기를 멈추거나, ㅇ과 ㅁ과 같은 자음을 쓸 때 연결되지 않은 채로 놔두거나, 획의 끝 부분을 흘려 쓰는 일이 없어야 합니다. 사선의 기울기도 잘 조정해야 하고요. 처음에는 신경 쓸 요소가 많아 어렵게 느껴질 수도 있습니다. 하지만 꾸준한 연습만이 평생 유지되는 자신만의 바른 글씨체를 가질 수 있게 합니다.

글씨 연습은 대충 보면 쉬워 보일 수 있습니다. 잘 쓴 글씨를 모범 삼아 따라 쓰기를 하면 되니까요. 하지만 그렇게 흉내 내는 정도로 그치면 사소한 차이까지 내 것으로 만들지는 못합니다. 잘 쓴 글씨를 단순히 따라 쓰는 것이 아니라, 자신이 직접 그렇게 쓰고 체화하겠다는 결심으로 시간과 노력을 충분히 쏟아 부어야 합니다.

아이에게도 이렇게 작은 차이가 바른 글씨를 만드는 중요한 역할을 한다는 것을 인식시켜 주세요. 대신, 디테일에 너무 치중한 나머지 글씨를 바르게 쓰는 것에 흥미를 잃거나 거기에만 빠져서 조화로운 글씨 쓰기를 하지 못하는 일이 없도록 주의하길 바랍니다.

'고기' 속 'ㄱ'의 모양 차이

앞서 영어 알파벳을 쓰는 것보다 한글 글씨를 쓰는 것이 더 어려울 수 있기 때문에, 한글을 먼저 익히는 것이 좋다고 이야기했습니다. 영어 알파벳은 대문자와 소문자를 한번 익히면 모양 그대로 쓰면 되지만, 한글 자모음은 어떤 글자를 만드느냐에 따라 모양과 크기가 달라지기 때문입니다.

영어 알파벳은 하나의 글 안에서 크기가 달라지지 않지만, 한글 자모음은 같은 글 안에서, 심지어 같은 낱말 안에서도 어떻게 결합되는지에 따라 모양과 크기가 달라지지요. 다음은 이에 주의하지 않고 똑같은 모양으로 쓴 경우입니다.

<다양한 글자에 쓰인 ㄱ의 모양과 크기>

아빠와 가끔 대학을 어디갈지에

글자의 각 ㄱ 모양이 어떤가요? 가로획과 세로획이 수직으로 만난 모양으로 모두 비슷합니다. 이렇게 쓰면 안 된다는 법은 없지만 전체적으로 보기에 딱딱하다는 느낌이 듭니다. ㄱ이 ㅏ와 결합하면, ㄱ의 세로획이 왼쪽을 향하는 '가' 모양으로 쓰는 것이 훨씬 보기에 좋습니다. 반면 ㄱ이 ㅡ와 결합하거나 받침으로 쓰이면 기본 모양인 ㄱ으로 쓰는 것이 안정감이 있습니다.

이렇듯 우리 한글의 자모음은 자음이 어떤 모음과 결합하고, 모음이 어떤 자음과 결합하는지에 따라, 또는 첫소리에 쓰이는지 받침으로 쓰이는지에 따라 모양과 크기에 변화가 있습니다. 다음 글자로 좀 더 분명하게 확인해 봅시다.

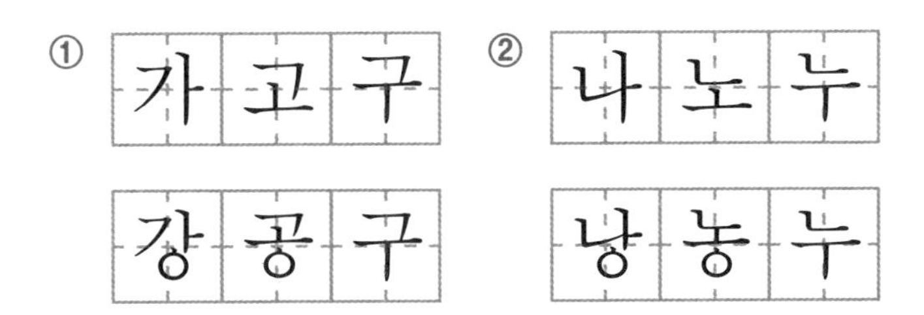

①은 자음 ㄱ이 들어간 글자이고, ②는 자음 ㄴ이 들어간 글자입니다. 각각 크기와 모양이 어떤가요? 모음 ㅏ와 결합한 ㄱ과 ㄴ은 좀 길게 쓰여 있고, ㅗ와 결합한 ㄱ과 ㄴ은 중간 정도의 크기이며, ㅜ와 결합한 ㄱ과 ㄴ은 납작한 모양으로 쓰였습니다. 받침이 있는 글자의 ㄱ과 ㄴ은 좀 더 작게 쓰였습니다. ㄱ과 ㄴ이 받침으로 쓰여도 작아지겠지요.

앞의 예는 자음의 모양과 크기의 변화만을 보여 주지만, 모음 또한 어떤 자음과 어떻게 만나느냐에 따라 모양과 크기가 조금씩 달라집니다. 이것이 우리 한글 글씨 쓰기에서 가장 독특한 점입니다.

글씨 쓰기는 종합적 활동의 집약체

글씨 쓰기는 눈과 손의 협응력을 이용하여 이루어지는 활동입니다. 눈으로 본 '가'의 ㄱ 모양이 손으로 그대로 구현되어야 합니다. 그러려면 글자 안에서 자음과 모음이 각각 어떤 모양이며 어느 정도 크기인지 제대로 확인해야 하지요.

나아가 한글 자음과 모음 쓰기를 연습할 때, 한 가지 모양과 크기로 연습하지 않고 기본적인 모양과 획을 익힌 다음에 다양한 변화를 주어 연습해야 합니다. 그래야 자음과 모음을 여러 가지 모양과 크기로 쓰는 감각을 손으로 익힐 수 있습니다. 자모음의 다양한 모양과 크기에 따라 손끝 힘을 쓰는 것이 적절히 조절된다는 뜻이지요. 이렇듯 바른 글씨를 쓰는 일은 한글 글씨의 다양한 모양과 크기를 눈으로 보고, 손으로 재현하는 종합적인 활동입니다.

기본 획부터 문장까지 완성하는 5단계 연습법

『명심보감』에 이런 말이 나옵니다.

"只見樹木 不見森林(지견수목 불견삼림)"

'단지 나무만 보고 숲을 보지 못한다'라는 뜻으로, 부분에만 집착한 나머지 전체를 보지 못한다는 말입니다.

다시 말하면, 부분 속에서 전체 모습을 상상할 수 있어야 하며, 전체 속에서 부분의 의미를 알아야 한다는 뜻입니다. 부분과 전체의 조화를 강조하는 말이지요.

부분과 전체를 조화롭게

한글 글씨 또한 바르고 예쁘게 쓰려면 부분과 전체의 조화에 주의해야 합니다. 앞서 누누이 강조했던 이야기와 일맥상통하지요. 한글 글자는 자음과 모음이 서로 어떻게 결합하느냐에 따라 글자 안에서 모양과 크기가 달라지므로 전체 글자를 염두에 두고 써야 합니다. 글씨 연습을 할 때도 이 점을 염두에 두어야 하고요.

그렇다고 글자나 낱말 쓰기부터 바로 연습하라는 말은 아닙니다. 먼저 획 긋기와 자음, 모음 쓰기부터 손에 익숙해져야 글자를 자유자재로 조합할 수 있을 테니까요. 그래서 글씨 연습은 작은 부분부터 하나씩 연습한 뒤, 이를 조합하여 전체 글자를 만드는 방향으로 진행합니다. 다음의 다섯 가지 순서로 한글 글씨 쓰기를 연습해 보세요.

1) 기본 획 연습하기

한글 글씨는 선과 동그라미로 이루어져 있습니다. 가장 먼저 기본 획이 되는 세로획, 가로획, 사선, 동그라미를 연습합니다. 세로획과 가로획은 다양한 길이로 그어 보고, 사선은 기울기에 변화를 주어 그어 봅니다. 동그라미는 크기와 모양(타원형)에 변화를 주어 그어 봅니다. 획을 그을 때는 힘을 일정하게 주어 천천히 긋습니다. 줄이 있는 노트나 없는 노트에 연습해 보세요.

2) 자모음 연습하기

한글 자음과 모음은 획순과 기본 모양에 주의하여 연습합니다. 글자 속에서 모양과 크기가 달라지는 점을 눈으로 확인하고 간단히 연습도 해 봅니다.

3) 낱글자 연습하기

자음과 모음을 결합하여 낱글자를 연습합니다. 이때 자음과 모음의 위치와 크기, 높이, 모양, 둘 사이의 간격에 주의합니다. 낱글자를 만드는 원리는, 마치 정해진 규격의 상자에 물건을 알맞게 넣는 것과 같습니다. 같은 상자 안에 물건을 두 개 넣을 때와 세 개 넣을 때, 각각 물건의 크기는 달라야겠지요. 두 개 넣을 때의 물건이 세 개 넣을 때보다 클 것입니다. 이와 같이 자음과 모음 몇 개가 어떻게 결합하는지에 따라 모양과 크기가 달라집니다.

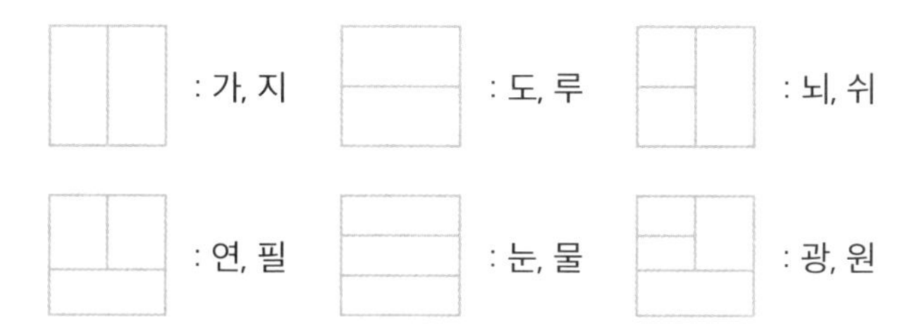

4) 단어 연습하기

낱글자를 결합하여 단어 쓰기를 연습합니다. 이때 글자와 글자 사이의 간격에 주의하세요. 글자의 높이와 크기도 일정하게 맞춰야 합니다.

고구마(O) 고구마 (X) 고구마(X)

5) 문장 연습하기

단어와 단어 사이의 띄어쓰기에 유의하며 연습합니다. 그리고 전체적인 글자 크기와 높이를 맞춰야 합니다.

하늘은 높고 바다는 깊다

위의 다섯 가지 순서에 따라 천천히 차근차근 글씨 연습을 한다면 글씨체가 좋아지지 않을 수가 없겠지요. 아이와 함께 전체 글자의 모습을 확인하며 획부터 차근차근 연습해 보도록 하세요.

최종 목표는 나만의 글씨체 만들기

"선생님, 여기 나온 거랑 똑같이 써야 해요? 힘들어요."

글씨체 교정을 도와줄 때마다 아이들이 곧잘 묻는 질문입니다.

종종 본이 되는 글씨체를 뽑아 따라 쓰게 하는데, 이때마다 대부분의 아이가 똑같이 따라 쓰기를 힘겨워했습니다. 획을 바르게 긋기부터 능숙하지 않으니 당연히 똑같이 따라 쓰려고 해도 삐뚤빼뚤하지요. 이럴 때 저는 아이들에게 이렇게 말합니다.

"지금은 웬만하면 똑같이 쓰려고 해 보자. 천천히 쓰면 거의 비슷하게 쓸 수 있을 거야. 그러다가 좀 능숙해지면 점점 너만의 글씨체가 나올 거야. 글씨는 너 자신이니까."

아이들은 입을 조금 비죽거리다 다시 쓰기 시작합니다. '글씨가 바로 나 자신'이라는 말에 한 번 더 힘을 내 보는 것이지요.

타인과 의사소통할 때 언어가 아니면서 자기 자신을 드러내는 것이 있습니다. 몸짓, 손짓, 표정, 시선, 자세 등의 비(非)언어적 표현들과 말투, 억양, 어조, 목소리 등의 반(半)언어적 표현입니다. 말을 할 때 이 두 가지를 적절히 섞어 표현하면 자신의 생각과 느낌을 더욱 생생하게 전달할 수 있습니다. 나아가 나만의 존재감 또한 뿜어낼 수 있지요.

비언어적 표현과 반언어적 표현은 음성언어보다도 개인의 고유한 개성을 잘 보여줍니다. 예를 들어 "아이스크림 먹고 싶어"라는 말을 누가 어떤 목소리로, 어떤 말투로, 어떤 표정으로 하느냐에 따라 느낌이 완전히 다르지요. 전달하는 말의 내용 못지않게 말을 하는 이의 얼굴 표정과 말투에서 많은 정보를 얻을 수 있습니다. 어쩌면 말의 내용보다 말한 사람의 표정과 목소리가 그의 마음을 더욱 잘 보여주는지도 모릅니다.

글씨체도 저마다 개성이 있다

글씨체도 비언어적 표현들과 반언어적 표현들처럼 언어 자체는 아니지만 글쓴이의 개성과 인격을 드러내는 측면이 있습니다. 앞서 글씨체와 성격의 관계에 관하여 말씀드린 맥락과 같습니다. 우리의 성격이 우리의 얼굴만큼이나 다양한 것처럼 우리의 글씨체도 그만큼 다양합니다. 잘 쓴 글씨체는 한 가지 모양새가 아니지요.

다음 몇 가지 글씨체를 비교해 볼까요?

돋움체	나만의 글씨체	바탕체	나만의 글씨체
굴림체	나만의 글씨체	명조체	나만의 글씨체
고딕체	나만의 글씨체	궁서체	나만의 글씨체

한글 프로그램에서 제공하는 글씨체만 하더라도 수십 가지가 넘습니다. 비슷한 것도 있고 아예 다른 글씨체도 있지만 똑같은 글씨체는 없지요. 위의 글씨체만 보더라도 획을 곧게 쓴 글씨체(왼쪽)와 꺾어 쓴 글씨체(오른쪽)가 각각 몇 가지나 되지만 그 안에서 서로 작은 차이들이 있습니다. 하물며 손으로 직접 쓴 글씨는 어떻겠습니까? 아무리 잘 쓴 글씨라고 하더라도 저마다의 개성이 묻어나겠지요.

이 책의 2부에는 글씨 연습을 할 수 있도록 본이 되는 글씨가 함께 제시되어 있습니다. 이는 글씨 연습의 지침이자 방향성이지, 제시된 글씨체대로 완전히 복사하듯 쓰라는 뜻은 아닙니다. 그럴 수도 없고요.

다만, 제시된 글씨를 따라 연습하도록 하는 이유는 획 긋기, 자음과 모음을 조합하기, 글자의 높이와 크기, 간격을 적절하게 조절하기 등을 연습하며 바른 글씨를 쓰게 하기 위해서입니다.

글씨체 교정의 최종 목표는 '바른 글씨체'를 넘어 결국 '자기 글씨체'를 만드는 것입니다. 저마다 잘 쓴 글씨체를 하나씩은 갖는 것이지요. 아이가 이 목표를 이루기 위해 성실하고 꾸준히 연습할 수 있도록 따뜻하게 격려해 주세요.

엄마표 바른 글씨 교정 습관

✔ 예쁜 글씨체를 만들기 위한 다섯 가지 원리를 꼭 기억하세요.

1) 획 바르기 쓰기

2) 동그라미 바르게 그리기

3) 일정한 간격 맞추기

4) 글자 크기 고르게 쓰기

5) 글자 높이 고르게 쓰기

✔ 명조체는 반듯한 글씨의 표본이지만 명조체로 글씨 쓰기를 힘겨워하는 아이는 곧게 쓰는 법부터 연습 시켜 주세요.

✔ 한글 쓰기에서 획순은 꼭 지켜야 합니다. 획순대로 써야 글자의 균형을 맞춰 바르고 아름다운 글씨체가 완성되지요.

✔ 책에 나온 것처럼 자음과 모음을 다양한 크기와 모양으로 연습시켜 주세요. 자음과 모음이 찌그러지거나 기울어지지 않도록 주의해서 쓰도록 지도하세요. 못난 글씨와 예쁜 글씨는 작은 차이에서 나옵니다.

- 한글 글씨 연습을 위한 다섯 가지 순서는 다음과 같습니다.

  1) 기본 획 연습하기

  2) 자모음 연습하기

  3) 낱글자 연습하기

  4) 단어 연습하기

  5) 문장 연습하기

- 바른 글씨를 연습하는 최종 목표는 결국 아이만의 글씨체를 만드는 것입니다. 바른 글씨체를 만들고 고유한 자신의 글씨체를 가질 수 있는 첫걸음을 함께 해 주세요.

2부

또박또박
바른 글씨체의 비결

아이를 가르치고 지도하는 일은

참고 기다리는 시간의 연속입니다.

"예쁘게 써!", "바르게 써!"처럼

추상적인 말로는 아무 도움도 줄 수 없습니다.

한글 글자를 구성하는 기본 요소인

가로획과 세로획 긋기부터 시작하도록 해야 합니다.

자음과 모음의 획순을 지키며 기본 모양을 제대로 잡고,

어떤 형태로 결합하는지 주의하며 살펴보도록 해야 합니다.

글자와 글자가 만나 단어를 이루고

단어와 단어가 만나 문장을 이룰 때

크기와 높이를 일정하게 쓰도록 합니다.

이렇게 구체적이고 실질적인 지도 속에서

아이의 글씨는 점점 바르게 변화할 것입니다.

1장

획 긋기, 자모음 기초부터 바르게 쓰는 법

획부터 잘 그어야 바른 글씨가 된다

한글 자음과 모음은 획으로 이루어졌습니다. 가장 기본적인 획은 '가로획'과 '세로획'입니다. 가로획과 세로획은 한글의 기본을 이루기 때문에 처음 배울 때부터 확실하게 모양과 법칙을 익혀야 합니다. 가로획과 세로획만 제대로 쓰면 자음, 모음은 빠르게 익힐 수 있습니다.

가로획, 세로획 연습을 하고 해야 할 것은 사선과 동그라미입니다. 한글은 가로획, 세로획, 그리고 사선과 동그라미로 이루어진 글자이지요. 따라서 아이가 바른 글씨를 쓰기 위해서는 가로, 세로, 사선, 동그라미, 네 가지 기본 획을 긋는 데 충분히 익숙해져야 합니다.

이제 가로획부터 순차적으로 어떻게 써야 할지 알아봅니다.

기울이지 않고 가로획 긋기

가로획은 왼쪽에서 오른쪽 방향으로 수평으로 긋습니다. 아이가 처음부터 끝까지 손끝의 힘을 일정하게 주어서 그을 수 있도록 합니다. 끝부분은 뻗치거나 흘리지 말고 바로 떼게 하세요. 기울여 쓰거나 휘어서 쓰지 않습니다.

<가로획 바로 쓰기>

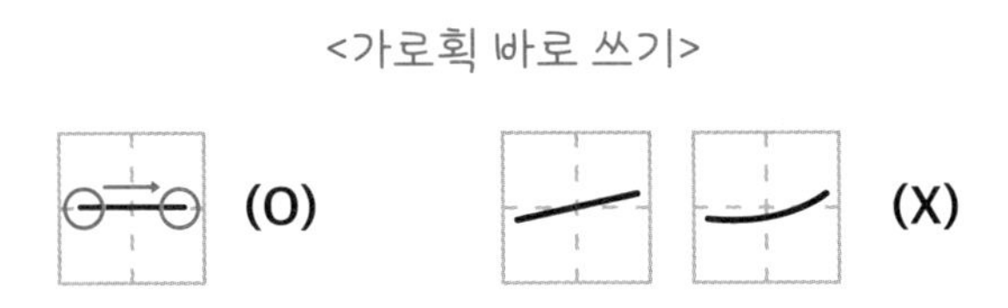

힘을 일정하게 위에서 아래로 긋는 세로획

세로획은 위에서 아래 방향으로 수직으로 긋습니다. 가로획과 마찬가지로 힘을 일정하게 주어서 긋도록 합니다. 끝부분은 뻗치거나 흘리지 말고 바로 뗍니다. 역시 기울여 쓰거나 휘어서 쓰지 않습니다.

<세로획 바로 쓰기>

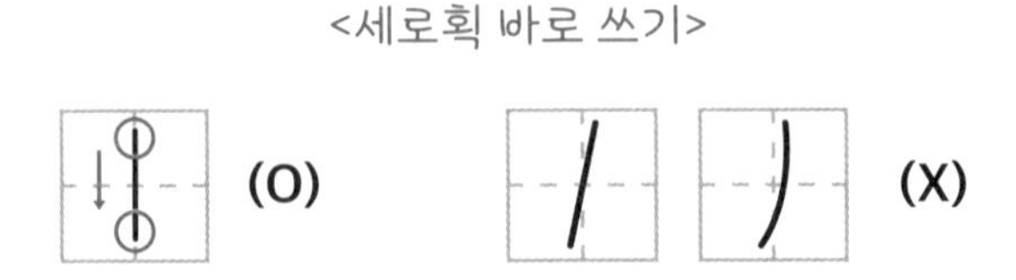

흘리지 않고 사선 쓰는 법

사선은 위에서 아래 방향으로 기울어지게 긋습니다. 왼쪽으로 기울어진 사선과 오른쪽으로 기울어진 사선이 있습니다. 아이가 선을 그을 때 처음부터 끝까지 손끝의 힘을 일정하게 주게 합니다. 끝부분은 말아 올리거나 뻗치거나 흘리지 말고 바로 떼게 하세요.

<사선 바로 쓰기>

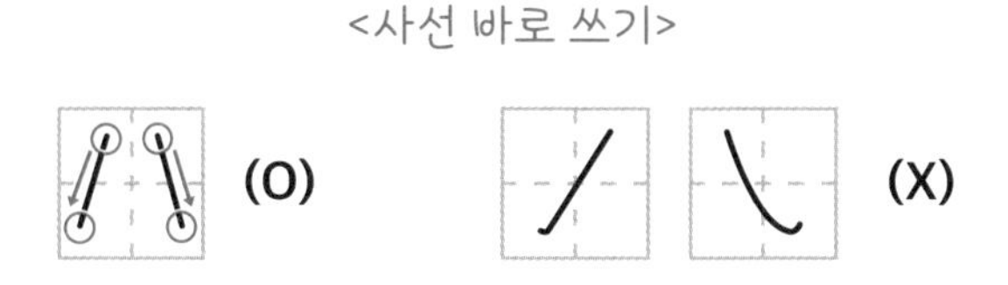

예쁜 원을 그리는 동그라미 연습

동그라미는 시작점과 끝점을 연결하여 원 모양으로 그립니다. 이때 찌그러진 원, 기울어진 원, 엉성한 원, 열린 원이 되지 않도록 합니다. 아이가 최대한 동그랗고 예쁜 원을 그리도록 세심히 지도하세요.

<동그라미 바로 쓰기>

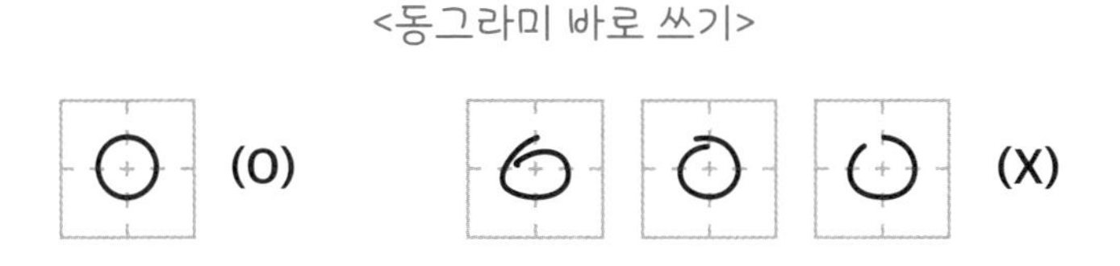

가로획, 세로획, 사선, 동그라미는 바른 글씨체를 만드는 기본입니다. 기본에 충실해야 바른 글씨체를 만들 수 있습니다. 앞서 설명한 기본 획 네 가지만 잘해도 예쁜 글씨체를 만들 수 있으니, 아이가 힘주어 연습을 잘할 수 있도록 지도해 주세요.

이제 '실전! 엄마표 글씨체 연습'을 통해 세로획, 가로획, 사선, 동그라미 연습을 해 봅니다.

실전! 엄마표 글씨체 연습

1. 세로획 쓰기

: 세로획을 네모 한 칸 중앙에 길게 그어 봅니다.

: 위의 세로획의 절반 정도 길이의 세로획을 그어 봅니다.

: 또 다시 세로획의 절반 정도 길이의 세로획을 그어 봅니다.

다양한 길이의 세로획을 평행하게 그어 연습합니다.

2. 가로획 쓰기

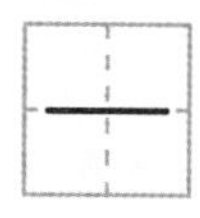

: 가로획을 네모 한 칸에 길게 그어 봅니다.

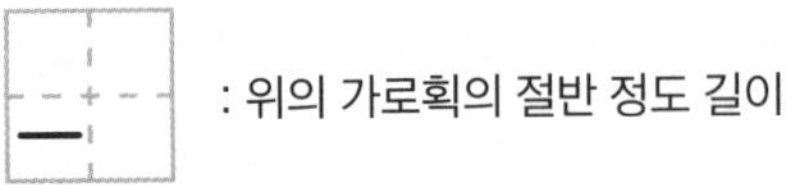

: 위의 가로획의 절반 정도 길이의 가로획을 그어 봅니다.

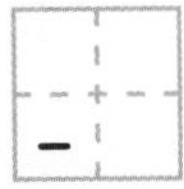

: 또 다시 가로획의 절반 정도 길이의 가로획을 그어 봅니다.

다양한 길이의 가로획을 줄을 맞춰 그어 보세요.

3. 사선 쓰기

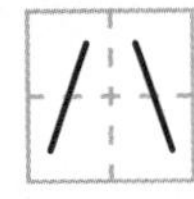

: 기울어진 방향이 다른 두 사선을 길게 그어 봅니다.

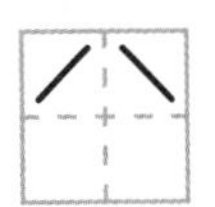

: 기울어진 방향이 다른 두 사선을 45° 정도의 각도로 작게 그어 봅니다.

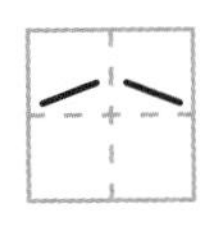

: 기울어진 방향이 다른 두 사선을 납작하고 작게 그어 봅니다.

다양한 기울기와 길이의 사선을 두 방향으로 그어 봅니다.

4. 동그라미 그리기

한 점에서 시작하여 왼쪽 방향으로 둥글게 반원을 그린 다음, 곡선을 오른쪽 위로 올리며 다시 반원을 그립니다.

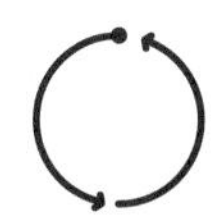

시작점의 위치나 원을 그리는 방향은 편한 대로 해도 괜찮습니다. 주의할 점은, 시작점과 끝점이 반드시 만나야 한다는 것입니다. 시작점과 끝점이 곧 같다고 볼 수 있지요.

아래와 같이 다양한 크기와 모양의 동그라미를 그려 보도록 지도하세요.

또 다음처럼 아이가 동그라미 그리기가 익숙해지도록 다양한 방향과 크기의 나선형 동그라미를 연습해 보게 하세요.

가로획과 세로획이 중요하다

한글 자음의 기본은 가로획과 세로획을 이어 쓴 'ㄱ, ㄴ'입니다. 대부분의 자음이 ㄱ(기역), ㄴ(니은)에 획을 더하여 이루어졌습니다. 자음의 기본인 ㄱ, ㄴ부터 충분히 익힌 다음, ㄱ을 나란히 쓴 ㄲ과 가로획을 더한 ㅋ을 연습하도록 합니다. 그다음 가로획에 ㄴ을 더한 ㄷ을 익히고, ㄷ을 나란히 쓴 ㄸ과 ㄷ에 가로획을 더한 ㅌ을 함께 연습합니다.

충분히 연습했다면 ㄱ과 ㄴ을 가로획으로 연결한 ㄹ을 연습하도록 합니다. 마지막으로 세로획과 ㄱ을 쓰고 맨 아래 가로획으로 네모 모양을 만들어 ㅁ을 연습합니다. 여기서 배울 ㄱ, ㄲ, ㅋ, ㄴ, ㄷ, ㅌ, ㄹ, ㅁ 자음은 모두 가로획과 세로획을 이어서 쓴 자음입니다. 어떤 글자가 어떤 모양을 이루는지 차근차근 살펴보세요.

한글 자음의 첫 번째 음운 ㄱ 쓰기

ㄱ(기역)은 한글 자모의 첫 번째 음운으로, 가로획에서 세로로 꺾어져 한 획으로 만들어졌습니다. 아이들에게 한글 자음 중에서 가장 처음 가르치는 자음이기도 하지요. ㄱ을 쓸 때는 가로획을 먼저 긋고, 떼지 말고 이어서 세로획을 씁니다. 주의할 점은 아래의 예시처럼 모서리 부분을 둥글게 말아서 쓰지 말고, 각이 지게 쓰도록 합니다.

<기역, 1획>

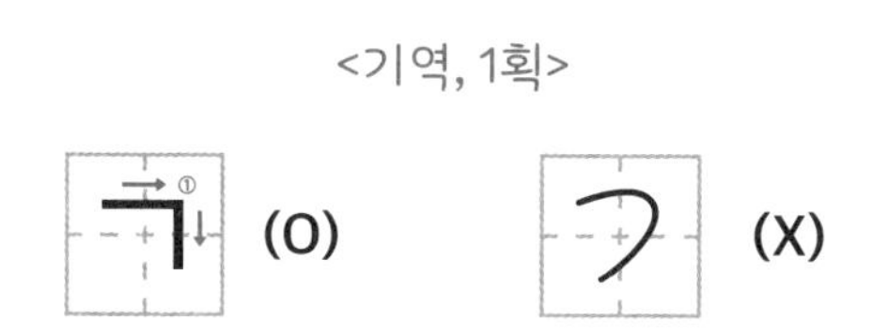

한글은 결합 글자이기 때문에 어떻게 결합하느냐에 따라 모양이 달라집니다. 자음 ㄱ도 어디에 위치하는지에 따라 글자마다 모양과 크기가 달라지지요. 아이에게 기역 쓰기를 알려줄 때는 ㄱ의 다양한 모양과 크기에 유의하며 지도해야 합니다. 다음의 글자 속 ㄱ을 살펴볼까요?

<기역이 '가, 거, 기, 개, 게, 강'이 될 경우>

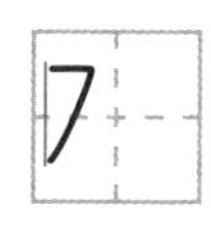

자음이 왼쪽에 오고 모음이 오른쪽에 오면, 자음을 세로로 길게 씁니다. 자음 ㄱ이 왼쪽에 올 때, 가로획을 그은 뒤 세로획을 사선으로 길게 긋습니다. 세로획의 끝을 가로획의 앞부분에 맞추도록 주의해 주세요.

< 기역이 '고, 그, 괴, 과, 귀, 궈, 괘, 긔'이 될 경우>

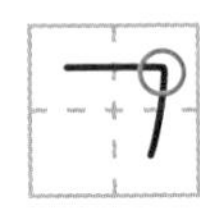

모음이 아래쪽에 오거나 아래쪽과 오른쪽에 동시에 오면, 자음의 세로획의 길이는 가로획의 길이와 거의 같게 씁니다. 자음 ㄱ도 마찬가지입니다. 이때 가로획과 세로획이 거의 수직을 이루게 합니다.

<기역이 '구, 곤, 굿, 악, 녹, 북 '이 될 경우>

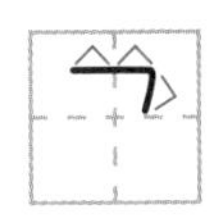

모음이 아래쪽에 오고 받침이 있거나, ㄱ이 받침으로 쓰이면, 자음을 납작하게 씁니다. 세로획을 가로획보다 짧게, 가로획의 2분의 1 정도 길이로 쓰세요.

같은 크기의 ㄱ을 나란히 붙여 쓰는 ㄲ(쌍기역)은 각각의 ㄱ을 작고 길게 쓰되, ㄲ의 전체 크기는 ㄱ과 거의 같도록 합니다. 자음 ㄲ 역시 어느 위치에 오는지에 따라 모양과 크기가 다릅니다.

<쌍기역, 2획>

ㅋ(키읔)은 먼저 ㄱ을 쓴 뒤, 중간 지점에 높이를 이등분하는 가로획을 그어 주는 글자입니다. 중앙선의 앞부분을 ㄱ의 가로획에 맞추는 것이 중요하지요.

<키읔, 2획>

한글 자음의 두 번째 음운 ㄴ 쓰기

ㄴ(니은)은 세로획과 가로획을 떼지 않고 한 번에 이어서 쓰는 글자입니다. 모서리 부분을 둥글게 말아서 쓰지 말고, 각이 지게 써야 합니다.

<니은, 1획>

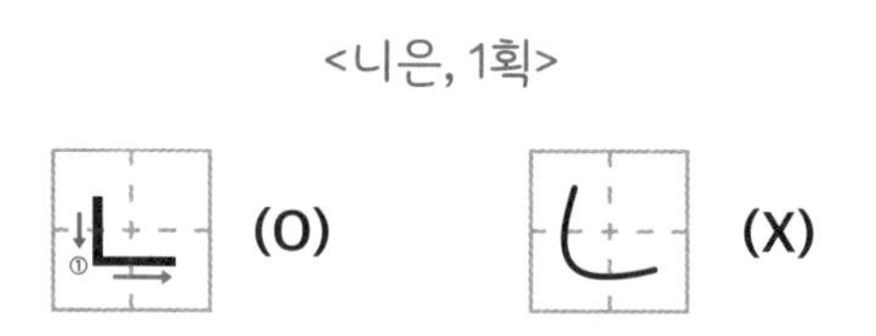

ㄴ 역시 글자마다 모양과 크기가 달라집니다. 아이에게 ㄴ을 알려 줄 때, 아래처럼 다양한 모양과 크기에 유의하며 지도해야 합니다.

<니은이 '나, 너, 니, 내'가 될 경우>

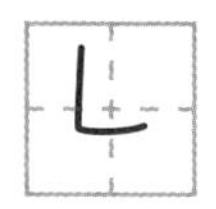

모음이 오른쪽에 오면, ㄴ을 세로로 길게 씁니다. ㄴ의 세로획을 먼저 쓰고 그보다 조금 짧게 가로획을 긋습니다.

<니은이 '노, 뇨, 느, 뇌, 놔'가 될 경우>

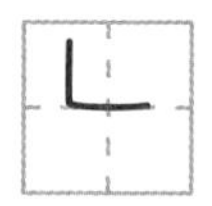

모음이 아래쪽에 오거나 아래쪽과 오른쪽에 동시에 오면, ㄴ을 조금 납작하게 씁니다. 세로획을 가로획보다 조금 짧게 쓰세요.

<니은이 '낭, 누, 놀, 안'이 될 경우>

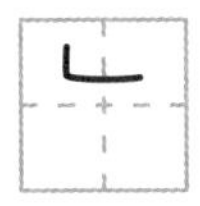

모음이 아래쪽에 오고 받침이 있거나, ㄴ이 받침으로 쓰이면, ㄴ을 조금 더 납작하게 씁니다.

ㄴ에서 가로획을 더한 음운 ㄷ 쓰기

ㄷ(디귿)은 먼저 가로획을 그은 뒤, 가로획을 그은 시작점에서 다시 ㄴ을 쓰는 글자입니다. ㄷ의 모서리는 각이 지게 하고, 두 가로획은 평행하게 써야 하지요.

<디귿, 2획>

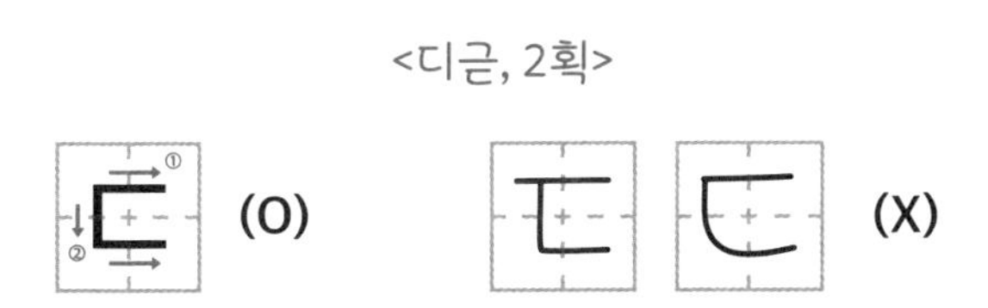

다음의 글자 속 ㄷ 모양과 크기를 살펴보세요. ㄷ이 어디에 위치하느냐에 따라 달라지는 ㄷ의 다양한 모양과 크기에 유의하며 지도하세요.

<디귿이 '다, 더, 디, 대, 돼, 뒈'가 될 경우>

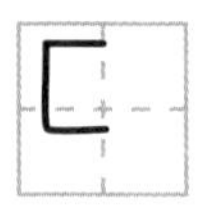

모음이 오른쪽에 오거나 아래쪽과 오른쪽에 동시에 오면, ㄷ을 세로로 길게 씁니다. 또는 가로획과 세로획의 길이를 거의 같게 씁니다.

<디귿이 '도, 드, 되, 뒤, 당'이 될 경우>

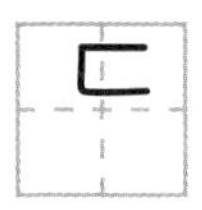

모음이 아래쪽에 오거나 아래쪽과 오른쪽에 동시에 오거나 받침이 있으면, ㄷ을 조금 납작하게 씁니다. 세로획을 가로획보다 짧게, 가로획의 3분의 2 정도 되게 씁니다

<디귿이 '두, 동, 믿, 굳'이 될 경우>

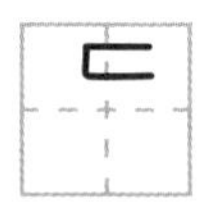

모음이 아래쪽에 오거나 받침이 있거나 ㄷ이 받침으로 쓰이면, ㄷ을 더 납작하게 씁니다. 세로획을 가로획보다 짧게, 가로획의 2분의 1 정도로 씁니다.

같은 크기의 ㄷ을 나란히 붙여 쓴 자음은 ㄸ(쌍디귿)입니다. 쓰는 법은 각각의 ㄷ을 작게 쓰되, ㄸ의 전체 크기는 ㄷ과 거의 같도록 합니다.

<쌍디귿, 4획>

ㅌ(티읕)은 두 개의 가로획을 평행하게 그은 뒤, 첫 번째 가로획의 시작점에서 ㄴ을 쓰는 자음입니다. 티읕을 쓸 때는 세 가로획 사이의 간격을 같게 해 주세요.

<티읕, 3획>

ㄱ과 ㄴ의 변형 글자 ㄹ 쓰기

ㄹ(리을)은 먼저 ㄱ을 쓴 뒤, 가로획을 긋고 ㄴ을 씁니다. 이때 세 가로획 사이의 간격을 같게 하되, 너무 좁거나 넓지 않게 하세요. 그리고 흘려 쓰지 않도록 합니다.

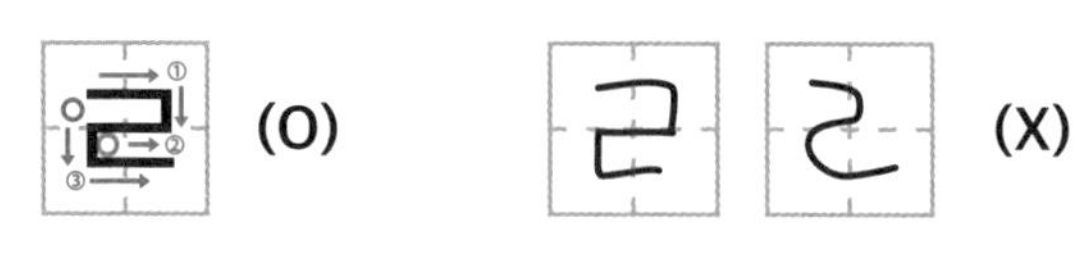

글자 속 ㄹ의 모양과 크기를 살펴보세요. 글자마다 달라지는 ㄹ의 다양한 모양과 크기에 유의하며 지도하세요.

< 리을이 '라, 러, 리, 래'가 될 경우>

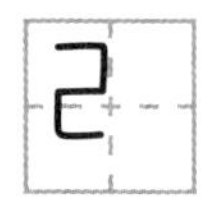

모음이 오른쪽에 오거나 아래쪽과 오른쪽에 동시에 오면, 세로로 길게 씁니다. 또는 가로획과 세로획의 길이를 거의 같게 씁니다.

<리을이 '로, 르, 뢰, 랑'이 될 경우>

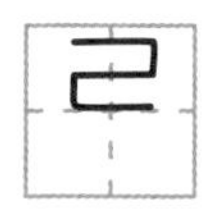

모음이 아래쪽에 오거나 아래쪽과 오른쪽에 동시에 오거나 받침이 있으면, 조금 납작하게 씁니다.

<리을이 '루, 뤼, 날, 를'이 될 경우>

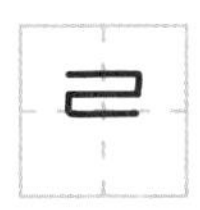

모음이 아래쪽에 오거나 아래쪽과 오른쪽에 동시에 오거나 ㄹ이 받침으로 쓰이면, 더 납작하게 씁니다. 특히 '를'의 ㄹ은 가장 납작하니 많이 연습해 보게 하세요.

ㄱ의 변형 글자 ㅁ 쓰기

ㅁ(미음)은 먼저 세로획을 곧게 그은 뒤, 시작점에서 ㄱ을 쓰고 맨 아래 가로획을 수평으로 그어 완전히 닫힌 모양이 되게 합니다. 네 모서리가 직각이 되게 하고, 모양이 둥글거나 찌그러지지 않게 쓰세요.

<미음, 3획>

다음 장에서 ㄲ, ㅋ, ㄸ, ㅌ, ㅁ 자음이 모음과 함께 결합될 때마다 어떻게 글자 모양이 달라지고, 그에 따라 어떻게 쓰는지 방법을 알아 보세요.

실전! 엄마표 글씨체 연습

1. 쌍기역 쓰기

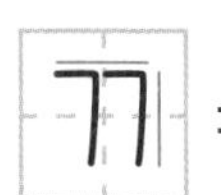

: 모음이 오른쪽에 오면, ㄲ을 세로로 길게 씁니다. 두 ㄱ의 길이를 맞추거나, 뒤의 ㄱ을 조금 길게 쓰세요.

보기) 까, 꺼, 끼, 깨, 께, 깡

: 모음이 아래쪽에 오거나 아래쪽과 오른쪽에 동시에 오면, 두 ㄱ의 세로획을 수직으로 긋습니다. 두 세로획의 길이는 ㄲ의 전체 너비와 비슷하게 쓰세요.

보기) 꼬, 끄, 꾀, 꿔

: 모음이 아래쪽에 오고 받침이 있거나, ㄲ이 받침으로 쓰이면, 납작하게 씁니다. 세로획의 길이가 ㄲ의 전체 너비의 2분의 1 정도가 되게 쓰세요.

보기) 꾸, 꽁, 밖, 솎

2. 키읔 쓰기

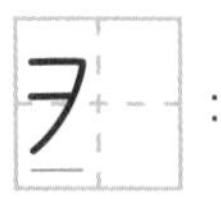

: 모음이 오른쪽에 오면, ㅋ을 세로로 길게 씁니다. 먼저 세로획이 사선인 ㄱ을 길게 쓰고, 중앙에 가로획을 긋습니다. 가로획 사이의 간격을 맞춰 주세요.

보기) 카, 커, 키, 캐, 캄

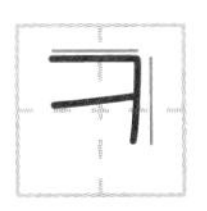

: 모음이 아래쪽에 오거나 아래쪽과 오른쪽에 동시에 오면, 세로획의 길이와 가로획의 길이를 거의 같게 씁니다.

보기) 코, 쿄, 크, 퀴, 콰

: 모음이 아래쪽에 오거나 받침이 있거나, ㅋ이 받침으로 쓰이면, 납작하게 씁니다. 세로획을 가로획보다 짧게 쓰세요.

보기) 쿠, 콩, 녘, 엌

3. 쌍디귿 쓰기

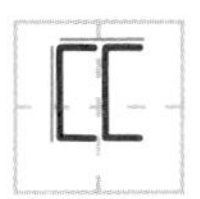

: 모음이 오른쪽에 오면, 두 ㄷ을 각각 세로로 길게 씁니다. 이때 전체 너비와 높이는 거의 같거나, 높이를 조금 길게 씁니다.

보기) 따, 떠, 띠, 때

: 모음이 아래쪽에 오거나 아래쪽과 오른쪽에 동시에 오거나 받침이 있으면, ㄸ을 조금 납작하게 씁니다. 각 ㄷ의 가로획과 세로획의 길이를 거의 같게 씁니다. ㄸ의 전체 너비가 높이의 2배 정도 되게 씁니다.

보기) 또, 뜨, 뙤, 뛰, 땅

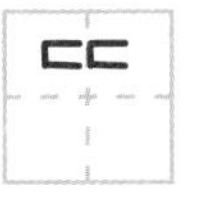

: 모음이 아래쪽에 오거나 받침이 있으면, ㄸ을 더 납작하게 씁니다. 두 ㄷ의 세로획의 길이를 가로획보다 짧게 씁니다.

보기) 뚜, 똥

4. 티읕 쓰기

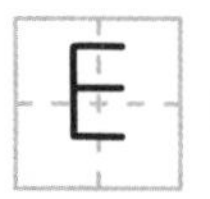

: 모음이 오른쪽에 오면, ㅌ을 세로로 길게 씁니다.

보기) 타, 터, 티, 태

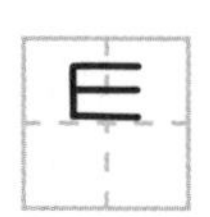

: 모음이 아래쪽에 오거나 아래쪽과 오른쪽에 동시에 오거나 받침이 있으면, ㅌ을 조금 납작하게 씁니다. 세로획 길이가 가로획보다 짧게, 가로획의 3분의 2 정도 되게 씁니다.

보기) 토, 트, 퇴, 튀, 탕

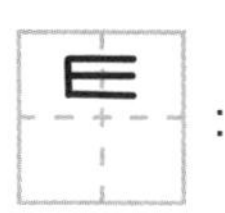

: 모음이 아래쪽에 오거나 받침이 있거나 ㅌ이 받침으로 쓰이면, 더 납작하게 씁니다. 세로획의 길이가 가로획보다 짧게, 가로획의 2분의 1 정도로 씁니다.

보기) 투, 통, 밷

5. 미음 쓰기

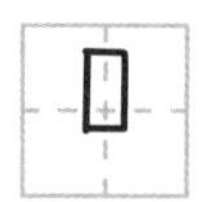

: 모음이 오른쪽에 오면, 세로로 길게 씁니다. 가로획을 세로획보다 짧게, 세로획의 3분의 2 정도로 쓰세요.

보기) 마, 머, 미, 매

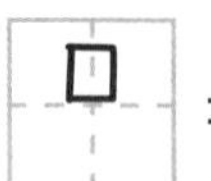

: 모음이 아래쪽과 오른쪽에 동시에 오거나 받침이 있으면, 정사각형 모양으로 씁니다. 가로획과 세로획의 길이를 같게 쓰세요.

보기) 뫼, 뮈, 만, 맹

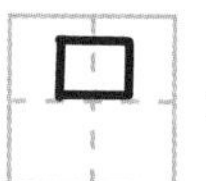

: 모음이 아래쪽에 오면, 조금 납작하게 씁니다.

보기) 모, 므

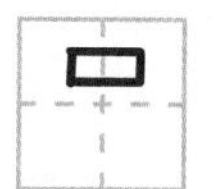

: 모음이 아래쪽에 오거나 받침이 있거나 ㅁ이 받침으로 쓰이면, 조금 더 납작하게 씁니다. 세로획을 가로획보다 짧게, 가로획의 2분의 1 정도로 쓰세요.

보기) 무, 문, 임

ㅂ만 잘 써도
바른 글씨로 보인다

자음 ㄱ, ㄴ이 가로획과 세로획을 이어 쓰는 글자였다면, 자음 ㅂ은 가로획과 세로획을 끊어 쓰는 글자입니다. 아이가 이 부분에 주의하여 ㅂ을 충분히 연습하도록 합니다. 그다음 ㅂ을 나란히 쓴 ㅃ을 연습하고, 가로획부터 쓰는 ㅍ을 연습하도록 합니다.

복잡한 ㅂ 음운 쓰기

ㅂ(비읍)은 먼저 두 세로획을 같은 길이로 평행하게 긋습니다. 그다음 세로획의 중앙에서 가로획을 하나 긋고, 세로획의 끝부분에서 중앙의 가

로획과 평행한 두 번째 가로획을 그어 줍니다. 모서리는 모두 직각이 되게 하고, 모양이 둥글거나 찌그러지지 않게 씁니다. 아래의 글자를 확인해 보고 바르게 쓰도록 지도해 주세요.

<비읍, 4획>

그다음 같은 크기의 ㅂ을 나란히 쓴 ㅃ(쌍비읍) 글자를 연습해 보도록 합니다. ㅃ은 각각의 ㅂ은 작게 쓰되, 전체 크기는 ㅂ과 거의 같게 합니다. 이때도 ㅂ의 모양이 둥글거나 찌그러지지 않게 주의합니다. 특히 아이들이 ㅂ을 쓰고 그 사이에 세로획을 넣어 간단하게 ㅃ을 쓰려고 하는데, 쉽게 ㅃ을 만들 수는 있지만 잘못된 글자 쓰기 습관이니 처음부터 제대로 쓰도록 알려주세요. 반듯한 글씨는 어려워도 기본을 지켜야 한다는 사실 잊지 마세요.

<쌍비읍, 8획>

어려운 ㅍ 음운 쓰기

ㅍ(피읖)은 먼저 가로획을 그은 뒤, 그 아래 세로획 두 개를 평행하게 긋고 맨 아래 가로획을 그어 씁니다. 이때 세로획 두 개의 너비가 너무 넓거나 좁지 않도록 하세요. 두 세로획은 맨 위 가로획과 조금 떨어져 그어도 좋습니다. 하지만 맨 아래 가로획과는 붙여 써야 합니다.

<피읖, 4획>

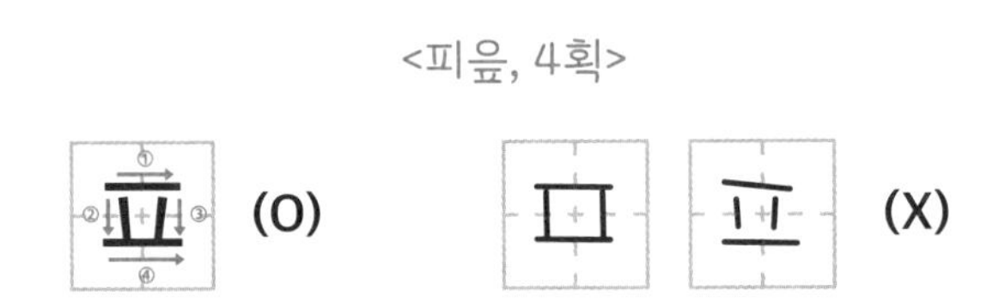

이제 133쪽에서 ㅂ, ㅃ, ㅍ 쓰기의 구체적인 방법을 알아봅시다.

실전! 엄마표 글씨체 연습

1. 비읍 쓰기

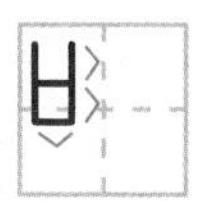

: 모음이 오른쪽에 오거나 아래쪽과 오른쪽에 동시에 오거나 받침이 있으면, ㅂ을 전체적으로 길게 씁니다. 가로획을 세로획보다 짧게, 세로획의 2분의 1 정도로 쓰세요.

보기) 바, 버, 비, 배, 뵈, 뷔, 밤

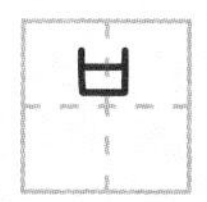

: 모음이 아래쪽에 오면, 전체적으로 정사각형 모양으로 쓰거나 그보다 조금 납작하게 씁니다.

보기) 보, 브

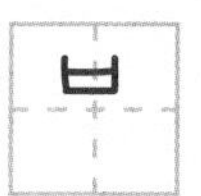

: 모음이 아래쪽에 오거나 받침이 있거나 ㅂ이 받침으로 쓰이면, 더욱 납작하게 씁니다.

보기) 부, 봄, 입

2. 쌍비읍 쓰기

: 모음이 오른쪽에 오거나 받침이 있으면, ㅃ을 조금 길게 쓰거나 전체적으로 너비와 높이를 거의 같게 씁니다.

보기) 빠, 뻐, 삐, 빼, 빵, 뺑

: 모음이 아래쪽에 오면, 전체적으로 ㅃ을 조금 납작하게 씁니다. ㅃ의 전체 높이가 너비의 3분의 2 정도가 되게 씁니다.

보기) 뽀, 쁘, 뿌

: 모음이 아래쪽에 오고 받침이 있으면, 더욱 납작하게 씁니다.

보기) 뽐, 뿐

3. 피읖 쓰기

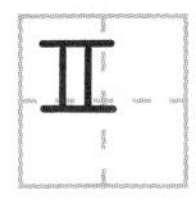

: 모음이 오른쪽에 오면, 전체적으로 ㅍ을 길게 씁니다. 세로획을 가로획보다 조금 더 길게 쓰세요.

보기) 파, 퍼, 피, 패

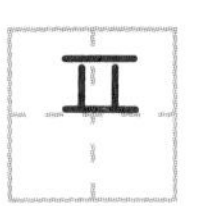

: 모음이 아래쪽에 오거나 받침이 있으면, 조금 납작하게 쓰거나 전체 너비와 높이를 거의 같게 씁니다.

보기) 포, 프, 팡

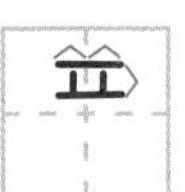

: 모음이 아래쪽에 오거나 받침이 있거나 ㅍ이 받침으로 쓰이면, 더욱 납작하게 씁니다. 높이가 너비의 2분의 1 정도 되게 쓰세요.

보기) 푼, 퐁, 잎

바른 사선 긋기가 필요한 자음들

ㅅ은 사선을 이용하여 씁니다. 아이가 사선의 각도를 적절히 조절할 수 있도록 지도합니다. 이를 충분히 연습한 뒤, ㅅ을 나란히 쓴 ㅆ을 연습하고, ㅅ 위에 가로획을 더한 ㅈ을 연습하도록 합니다. ㅊ, ㅎ은 맨 위에 사선으로 짧은 획을 긋는 데 주의하도록 합니다.

사선으로 쓰는 ㅅ

ㅅ(시옷)은 왼쪽 아래로 향하는 긴 사선을 그은 뒤, 그것을 받치는 짧은 사선을 오른쪽 아래로 향하게 그어 씁니다. 이때 긴 사선과 짧은 사선의

기울기는 같아야 합니다.

<시옷, 2획>

글자 속 ㅅ의 모양과 크기를 살펴보세요. 글자마다 달라지는 ㅅ의 다양한 모양과 크기에 유의하며 지도하세요.

<시옷이 '사, 서, 시, 새'가 될 경우>

모음이 오른쪽에 오면, ㅅ을 길게 씁니다. 이때 두 번째 사선은 첫 번째 사선의 약 2분의 1 되는 지점에서 긋습니다. 두 사선이 이루는 각도가 60° 정도 되게 합니다.

<시옷이 '산, 섬, 생'이 될 경우>

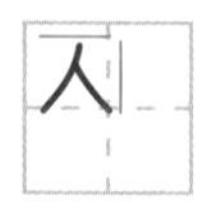

모음이 오른쪽에 오고 받침이 있으면, 전체 너비와 높이를 거의 같게 씁니다. 두 사선 사이의 각도가 90° 정도 되게 합니다

<시옷이 '소, 스, 수, 쇠, 쉬, 승, 깃, 옷'이 될 경우>

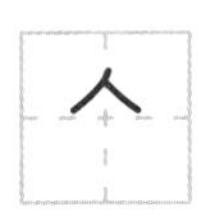

모음이 아래쪽에 오거나 아래쪽과 오른쪽에 동시에 오거나 받침이 있거나 ㅅ이 받침으로 쓰이면, 납작하게 씁니다. 이때 두 번째 사선은 첫 번째 사선의 약 3분의 1이 되는 지점에서 긋습니다.

ㅆ(쌍시옷)은 같은 크기의 ㅅ을 나란히 붙여 씁니다. 각각의 ㅅ은 작게 쓰되, ㅆ의 전체 크기는 ㅅ과 거의 같습니다. 각 ㅅ의 두 번째 사선은 첫 번째 긴 사선의 약 2분의 1이 되는 지점에서 긋습니다. 각 ㅅ의 기울기나 크기, 위치가 다르지 않도록 주의합니다.

<쌍시옷, 4획>

 (O) 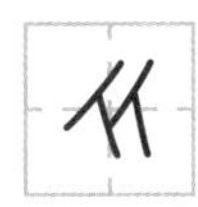 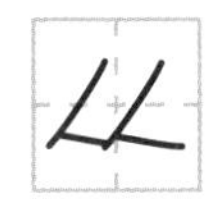 (X)

가로획에 ㅅ을 더한 ㅈ

ㅈ(지읒)은 먼저 가로선을 그은 뒤, 그 끝점에서 ㅅ을 씁니다. 이때 ㅅ의 너비가 가로선과 같게 합니다. ㄱ에 짧은 사선을 받친 느낌이 아니라, 가로선에 ㅅ을 쓴 느낌으로 씁니다. 두 번째 사선은 첫 번째 사선의 2분의 1 지점에서 그어 줍니다.

<지읒, 2획>

ㅉ(쌍지읒)은 같은 크기의 ㅈ을 나란히 붙여 씁니다. 각각의 ㅈ은 작게 쓰되, ㅉ의 전체 크기는 ㅈ과 거의 같습니다. 두 번째 사선은 첫 번째 사선의 2분의 1이 되는 지점보다 조금 아래에서 긋습니다. 각 ㅈ의 크기와 위치 등이 다르지 않도록 주의합니다.

<쌍지읒, 4획>

ㅊ(치읓)은 먼저 작은 획을 사선이나 가로로 그은 뒤, 그 아래 ㅈ을 쓰는 글자입니다. 이때 작은 획은 ㅈ의 중앙에 위치하고, ㅈ과 조금 떨어져 씁니다. 작은 획의 길이는 ㅈ의 가로선의 절반 정도로 긋습니다. ㅈ과 같이 두 번째 사선은 첫 번째 사선의 2분의 1이 되는 지점에서 그어 줍니다.

<치읓, 3획>

자음의 마지막 글자 ㅎ

한글 자음의 맨 끝인 ㅎ(히읗)도 ㅊ과 같은 크기와 방식으로 씁니다. 먼저 작은 획을 사선이나 가로로 그은 뒤, 가로획을 쓰고 ㅊ의 ㅅ 자리에 ㅇ을 씁니다. 이때 ㅇ의 너비가 중앙의 가로선을 넘지 않도록 합니다.

<히읗, 3획>

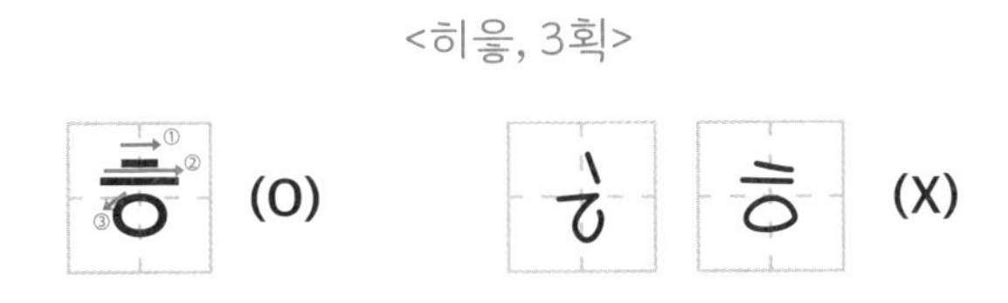

이제 140쪽에서 ㅆ, ㅈ, ㅉ, ㅊ, ㅎ이 모양이 어떻게 바뀌는지 알아봅니다.

실전! 엄마표 글씨체 연습

1. 쌍시옷 쓰기

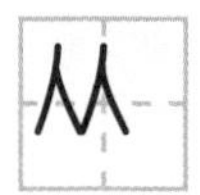

: 모음이 오른쪽에 오면, ㅆ을 세로로 길게 씁니다. 각 ㅅ의 두 사선 사이의 각도가 60°보다 작게 합니다.

보기) 싸, 써, 씨, 쌔

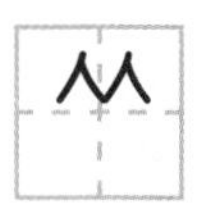

: 모음이 아래쪽에 오고 받침이 있으면, 조금 납작하게 씁니다. 각 ㅅ의 두 사선 사이의 각도가 60° 정도 되게 합니다.

보기) 쏘, 쓰, 쌩

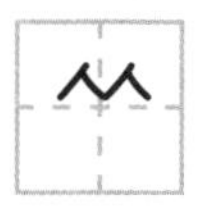

: 모음이 아래쪽에 오거나 받침이 있거나 ㅆ이 받침으로 쓰이면, 더욱 납작하게 씁니다. 각 ㅅ의 두 사선 사이의 각도가 90°정도 되게 합니다.

보기) 쑤, 쏭, 쑥, 갔

2. 지읒 쓰기

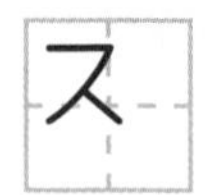

: 모음이 오른쪽에 오면, ㅈ을 길게 씁니다. 두 번째 사선은 첫 번째 사선의 약 2분의 1이 되는 지점에서 긋습니다.두 사선이 이루는 각도는 90° 정도 되게 합니다.

보기) 자, 저, 지, 재

: 모음이 아래쪽과 오른쪽에 동시에 오거나 오른쪽에 오고 받침이 있으면, 전체 너비와 높이를 거의 같게 씁니다. 두 사선 사이의 각도가 90°보다 조금 크게 합니다.

보기) 죄, 좌, 쥐, 줘, 장, 전, 쟁

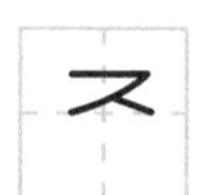

: 모음이 아래쪽에 오거나 받침이 있거나 ㅈ이 받침으로 쓰이면, 납작하게 씁니다. 두 사선 사이가 120° 정도 되게 합니다.

보기) 조, 즈, 주, 좁, 잊, 궂

3. 쌍지읒 쓰기

: 모음이 오른쪽에 오면, ㅉ을 세로로 길게 씁니다. 두 사선이 이루는 각도가 60°보다 작게 합니다.

보기) 짜, 쩌, 찌, 째

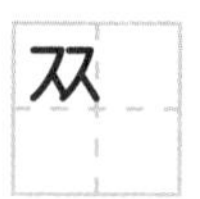

: 모음이 아래쪽과 오른쪽에 동시에 오거나 오른쪽에 오고 받침이 있으면, 전체 너비와 높이를 거의 같게 씁니다. 두 사선 사이의 각도가 90°보다 조금 작게 합니다.

보기) 쬐, 짱, 쩐, 쨍

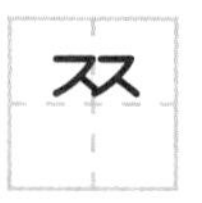

: 모음이 아래쪽에 오거나 받침이 있으면, 납작하게 씁니다. 두 사선 사이의 각도가 90° 정도 되게 합니다.

보기) 쪼, 쯔, 쭈, 쯧, 쭐

4. 치읓 쓰기

: 모음이 오른쪽에 오면, 세로로 길게 씁니다. 작은 획을 찍고 그 아래 너비와 높이가 거의 같은 크기로 ㅈ을 씁니다. 두 사선 사이의 각도가 90° 정도 되게 합니다.

보기) 차, 처, 치, 채

: 모음이 아래쪽과 오른쪽에 동시에 오거나 받침이 있으면, ㅊ의 너비와 높이를 거의 같도록 씁니다. 두 사선 사이의 각도가 90°보다 크게 합니다.

보기) 최, 취, 창, 천, 책

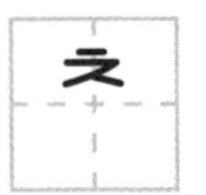

: 모음이 아래쪽에 오거나 받침이 있거나 ㅊ이 받침으로 쓰이면, 납작하게 씁니다. 두 사선 사이의 각도가 120°나 그보다 조금 크게 합니다.

보기) 초, 츠, 추, 충, 좇

5. 히읗 쓰기

: 모음이 오른쪽에 오면, ㅎ을 세로로 길게 씁니다. 작은 획을 찍고 그 아래 너비와 높이가 거의 같은 크기로 ㅇ를 씁니다.

보기) 하, 허, 히, 해

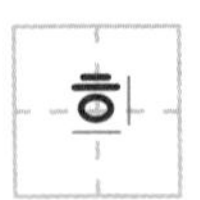

: 모음이 아래쪽에 오거나 아래쪽과 오른쪽에 동시에 오거나 받침이 있으면, ㅎ의 너비와 높이를 거의 같게 씁니다. 이때 ㅇ을 조금 타원형으로 그립니다.

보기) 호, 흐, 후, 회, 휘, 항

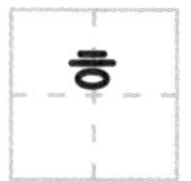
: ㅎ이 받침으로 쓰이면, 작게 씁니다. 이때 ㅇ을 좀 더 납작하게 그립니다.

보기) 넣, 홍, 놓

최고 난이도는 겹받침 쓰기

우리말에는 총 11개의 겹받침이 있습니다. 바로'ㄳ ㄵ ㄶ ㄺ ㄻ ㄼ ㄽ ㄾ ㄿ ㅀ ㅄ'입니다. 겹받침이 들어간 낱말들을 아이와 함께 확인해 볼까요?

<11개의 겹받침이 들어가는 낱말>

ㄳ	몫, 삯	ㄽ	외곬
ㄵ	앉다, 얹다	ㄾ	핥다, 훑다
ㄶ	끊다, 많다, 않다	ㄿ	읊다
ㄺ	닭, 칡, 흙, 늙다, 맑다, 읽다	ㅀ	끓다, 닳다, 잃다
ㄻ	삶, 앎, 닮다, 옮다	ㅄ	값, 없다
ㄼ	여덟, 넓다, 밟다, 짧다		

겹받침이 들어간 글자를 연습하기에 앞서 여기서는 겹받침을 쓰는 법을 먼저 연습해 봅니다.

겹받침은 자음 두 개가 나란히 붙어 있기 때문에 작게 써야 합니다. 앞서 살펴본 쌍자음(ㄲ, ㄸ, ㅆ) 받침의 모양과 크기를 확인해 보세요. 같은 크기로 쓰되 전체적으로 납작하게 쓰도록 배웠습니다. 겹받침도 이와 같은 크기와 모양으로 쓰도록 지도하세요.

나란히 나란히 겹받침 쓰기

겹받침은 서로 다른 두 자음을 같은 크기로 나란히 붙여 씁니다. 각각의 자음은 작게 쓰되, 전체 크기는 자음 하나로 된 받침 크기와 거의 같습니다. 각 자음의 크기는 너비와 높이를 같게 해 주세요.

<자음을 나란히 쓰는 겹받침 예시>

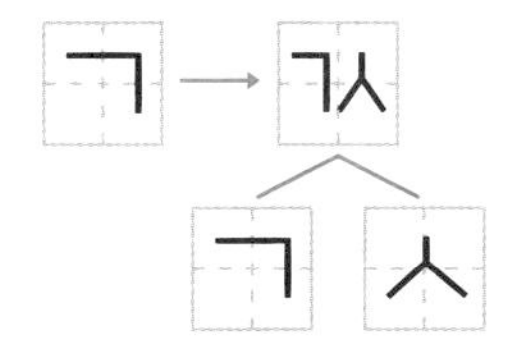

ㄱ과 ㄳ의 전체 크기가 거의 같습니다. ㄳ에서 ㄱ과 ㅅ의 너비와 높이가 같습니다.

아래에서 겹받침의 크기와 모양을 확인해 보세요.

<ㄱ, ㄴ, ㄹ, ㅂ의 겹받침 크기와 모양>

모음에는 세로형이 있다

한글 모음은 가로획과 세로획으로만 이루어져 있습니다. 먼저 세로형 모음 'ㅏ, ㅐ, ㅑ, ㅒ, ㅓ, ㅔ ㅕ, ㅖ' 쓰기에 대해 알아보겠습니다. 'ㅏ, ㅓ'는 세로획을 길게 쓰고 가로획을 짧게 쓰는 글자입니다. 아이가 각 획의 길이에 주의하여 연습하도록 지도합니다. ㅏ에 획을 더하여 ㅐ, ㅑ, ㅒ를 연습하고, ㅓ에 획을 더하여 ㅔ, ㅕ, ㅖ를 연습하도록 합니다.

모음의 첫 번째 글자 ㅏ

ㅏ(아)는 한글 모음에서 가장 먼저 익히는 음운입니다. 먼저 세로획을

수직으로 곧게 그은 뒤, 세로획의 중간 위치에서 가로획을 수평으로 짧게 그어 씁니다. 이때 가로획을 세로획과 떼어 쓰지 않고, 길게 쓰지 않고, 날리듯 쓰지도 않도록 주의합니다. 그리고 ㄴ처럼 한 획으로 날리듯 쓰지 않도록 주의하세요.

<아, 2획>

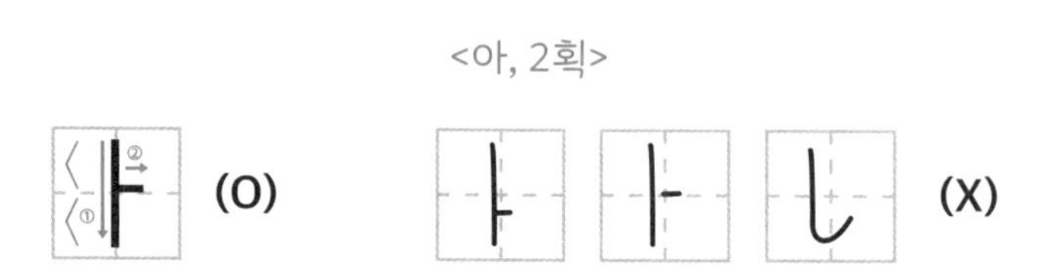

글자 속 ㅏ의 모양과 크기를 살펴볼까요? 나머지 세로형 모음의 다양한 모양과 크기는 뒷쪽의 '실전! 엄마표 바른 글씨체 지도법'에서 확인할 수 있습니다.

<아가 '가, 나, 다, 바'가 될 경우>

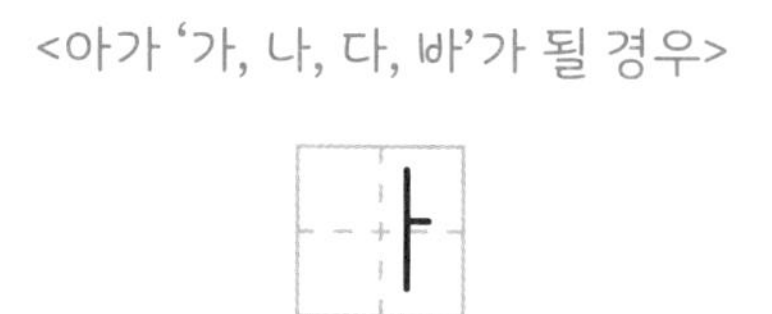

ㅏ가 받침 없는 글자에 쓰이면, 길게 씁니다. 가로획은 세로획의 중간에서 긋거나 조금 위에서 긋습니다. 가로획의 길이는 세로획의 4분의 1에서 3분의 1 정도로 긋습니다.

<아가 '강, 낮, 달, 밤'이 될 경우>

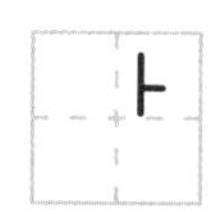

ㅏ가 받침 있는 글자에 쓰이면, 짧게 씁니다. 가로획은 세로획의 중간에서 긋거나 조금 아래에서 긋습니다. 가로획의 길이는 세로획의 3분의 1에서 2분의 1 정도로 긋습니다.

ㅏ에 가로획과 세로획을 더한 글자 ㅐ, ㅑ, ㅒ

ㅐ(애)는 ㅏ를 쓰고 오른쪽에 세로획을 하나 더 수직으로 곧게 그어 쓰는 글자입니다. ㅐ를 쓸 때 두 번째 세로획의 길이를 ㅏ의 길이와 같게 하거나, 위아래로 조금 더 길게 씁니다. 더 짧게 쓰지는 않도록 주의합니다.

<애, 3획>

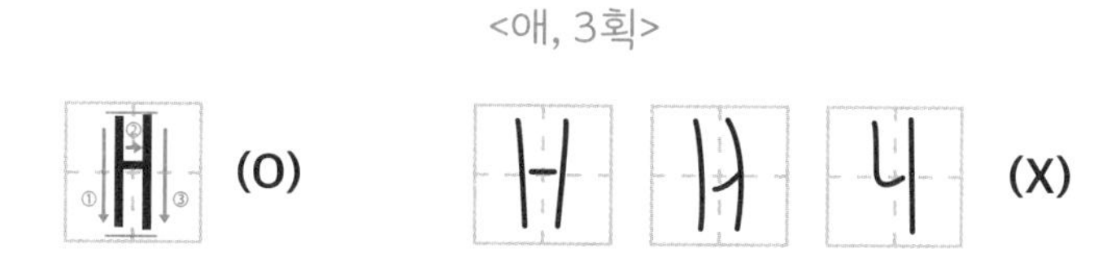

ㅑ(야)는 세로획을 수직으로 곧게 그은 뒤, 가로획 두 개를 평행하게 긋습니다. 두 가로획은 세로획을 삼등분한 지점에서 각각 짧게 그어 주세요.

<야, 3획>

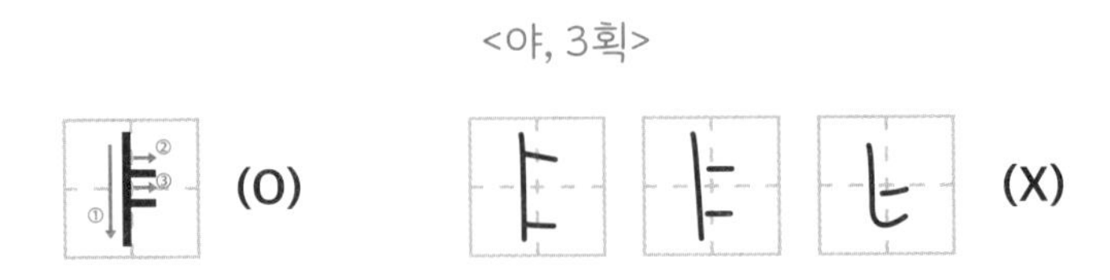

ㅒ(얘)는 ㅑ를 쓰고 오른쪽에 세로획을 하나 더 수직으로 곧게 그어 씁니다. 이때 두 번째 세로획의 길이를 ㅑ의 길이와 같게 하거나, 위아래로 조금 더 길게 씁니다. 첫 번째 세로획보다 더 짧게 쓰지는 않도록 주의합니다. ㅏ와 ㅑ를 쓸 때의 주의할 점을 지켜 주세요.

<얘, 4획>

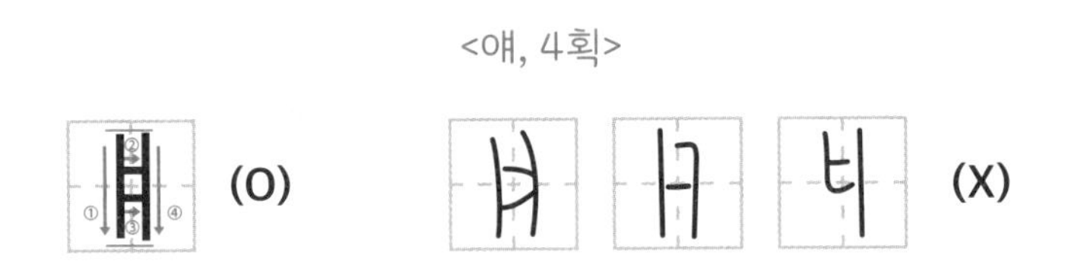

모음의 열일곱 째 글자 ㅓ

ㅓ(어)는 가로획을 짧게 그은 뒤, 세로획을 수직으로 곧게 그어 씁니다. 이때 가로획은 길게 쓰지 않도록 주의합니다. 세로획은 가로획과 떼어 쓰지 않습니다. 세로획은 가로획이 세로획을 이등분하는 지점에 맞춰 씁니다. 그리고 ㄱ처럼 한 획으로 날리듯 쓰지 않도록 주의하세요.

<어, 2획>

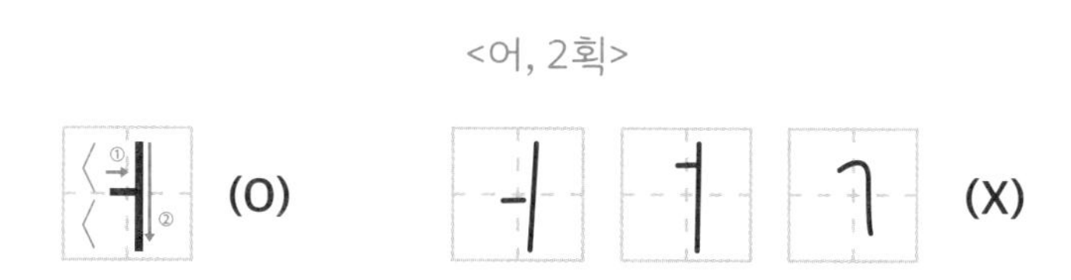

ㅓ에 가로획, 세로획을 더한 글자 ㅔ, ㅕ, ㅖ

ㅔ(에)는 ㅓ를 쓰고 오른쪽에 세로획을 하나 더 수직으로 곧게 그어 씁니다. 이때 두 번째 세로획의 길이를 먼저 쓴 ㅓ의 길이와 같게 하거나, 위아래로 조금 더 길게 씁니다. ㅓ의 길이보다 더 짧게 쓰지는 않도록 주의합니다. 그리고 가로획의 너비와 두 세로획의 간격을 같게 해 줍니다. ㅓ를 쓸 때처럼 주의할 점을 지켜 주세요.

<에, 3획>

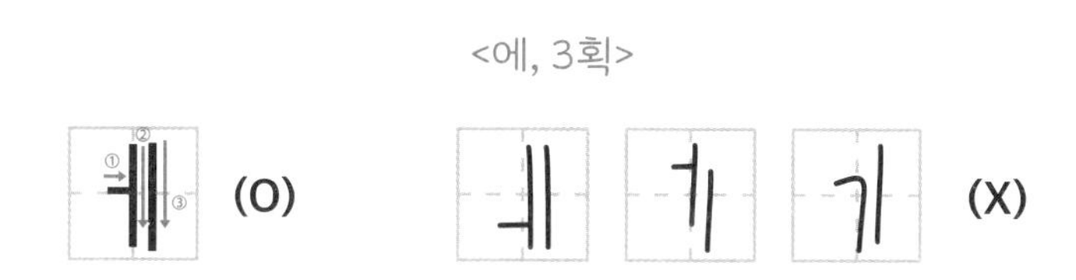

ㅕ(여)는 짧은 가로획 2개를 평행하게 그은 뒤, 세로획을 수직으로 곧게 그어 씁니다. 이때 두 가로획은 세로획을 삼등분한 위치에 긋습니다.

<여, 3획>

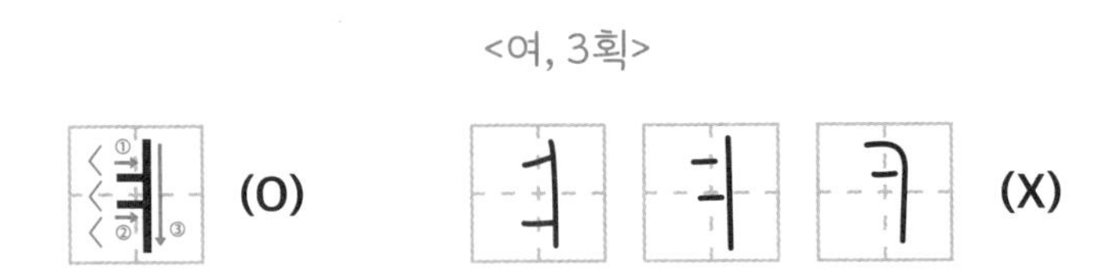

ㅖ(예)는 ㅕ를 쓰고 오른쪽에 세로획을 하나 더 수직으로 곧게 그어 씁니다. 이때 두 번째 세로획의 길이를 ㅕ의 길이와 같게 하거나, 위아래로 조금 더 길게 씁니다. 더 짧게 쓰지 않도록 주의합니다. ㅓ와 ㅕ를 쓸 때의 주의할 점을 지켜 주세요.

<예, 4획>

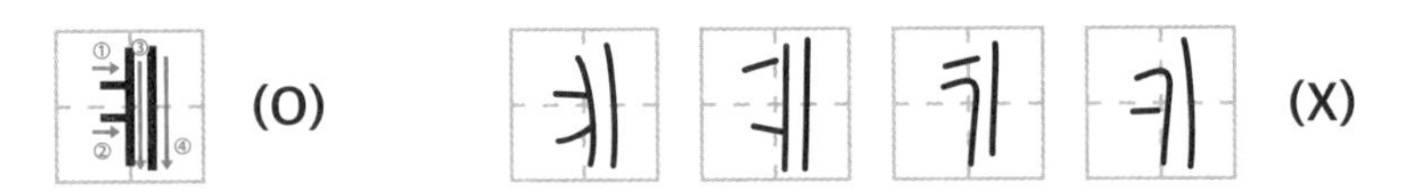

실전! 엄마표 글씨체 연습

1. ㅐ 쓰기

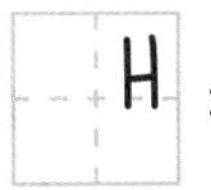

: 받침 없는 글자에 쓰이면, ㅐ를 길게 씁니다. 가로획은 세로획의 중간에서 긋거나 조금 위에서 긋습니다.

보기) 개, 내, 대, 배

: 받침 있는 글자에 쓰이면, 짧게 씁니다. 가로획은 세로획의 중간에서 긋습니다.

보기) 갱, 냄, 댁, 뱉

2. ㅑ 쓰기

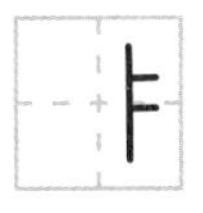

: 받침 없는 글자에 쓰이면, ㅑ를 길게 씁니다. 가로획은 세로획을 삼등분한 지점이나, 조금 위에서 긋습니다. 가로획의 길이는 세로획의 4분의 1에서 3분의 1 정도로 긋습니다.

보기) 갸, 샤, 야, 캬

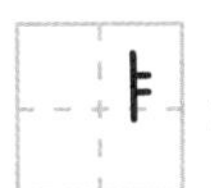

: 받침 있는 글자에 쓰이면, 짧게 씁니다. 가로획은 세로획을 삼등분한 지점에서 긋습니다. 가로획의 길이는 세로획의 3분의 1에서 2분의 1 정도로 긋습니다.

보기) 걀, 얄, 뺨, 향

3. ㅒ 쓰기

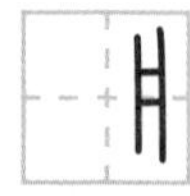

: 받침 없는 글자에 쓰이면, ㅒ를 길게 씁니다. 가로획은 세로획을 삼등분한 지점이나, 조금 위에서 긋습니다. 가로획의 길이는 세로획의 4분의 1에서 3분의 1 정도로 긋습니다.

보기) 걔(그 아이), 얘(이 아이), 쟤(저 아이)

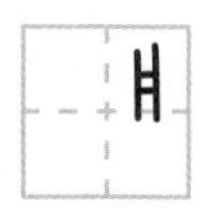

: 받침 있는 글자에 쓰이면, 짧게 씁니다. 가로획은 세로획을 삼등분한 지점에서 긋습니다. 가로획의 길이는 세로획의 3분의 1에서 2분의 1 정도로 긋습니다.

보기) 걘(걔는), 얜(얘는), 쟨(쟤는)

4. ㅓ 쓰기

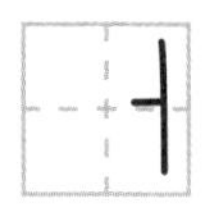

: 받침 없는 글자에 쓰이면, ㅓ를 길게 씁니다. 가로획은 세로획의 중간이나, 조금 위에서 긋습니다. 가로획의 길이는 세로획의 4분의 1에서 3분의 1 정도로 긋습니다.

보기) 거, 너, 더, 버

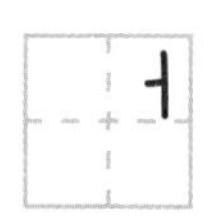

: 받침 있는 글자에 쓰이면, 짧게 씁니다. 가로획은 세로획의 중간에서 긋습니다. 가로획의 길이는 세로획의 3분의 1에서 2분의 1 정도로 긋습니다.

보기) 건, 넝, 덕, 범

5. ㅔ 쓰기

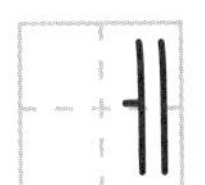

: 받침 없는 글자에 쓰이면, 길게 씁니다. 가로획은 세로획의 중간이나, 조금 위에서 긋습니다. 가로획의 길이는 세로획의 4분의 1에서 3분의 1 정도로 긋습니다.

보기) 게, 네, 데, 베

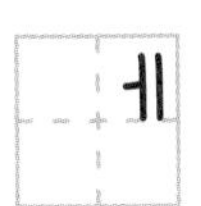

: 받침 있는 글자에 쓰이면, 짧게 씁니다. 가로획은 세로획의 중간에서 긋습니다. 가로획의 길이는 세로획의 3분의 1에서 2분의 1 정도로 긋습니다.

보기) 겜, 넥, 덴, 벨

6. ㅕ 쓰기

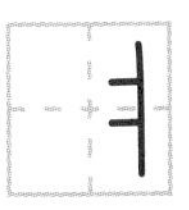

: 받침 없는 글자에 쓰이면, 길게 씁니다. 가로획은 세로획을 삼등분한 지점이나, 조금 위에서 긋습니다. 가로획의 길이는 세로획의 4분의 1에서 3분의 1 정도로 긋습니다.

보기) 겨, 며, 벼, 혀

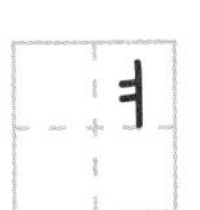

: 받침 있는 글자에 쓰이면, 짧게 씁니다. 가로획은 세로획을 삼등분한 지점에 긋습니다. 가로획의 길이는 세로획의 3분의 1에서 2분의 1 정도로 긋습니다.

보기) 결, 면, 벽, 형

7. ㅖ 쓰기

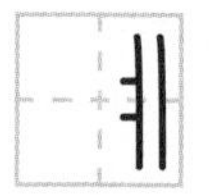

: 받침 없는 글자에 쓰이면, 길게 씁니다. 가로획은 세로획을 삼등분한 지점이나, 조금 위에서 긋습니다. 가로획의 길이는 세로획의 4분의 1에서 3분의 1 정도로 긋습니다.

보기) 계, 예, 례, 혜

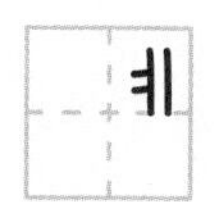

: 받침 있는 글자에 쓰이면, 짧게 씁니다. 가로획은 세로획을 삼등분한 지점에 긋습니다. 가로획의 길이는 세로획의 3분의 1에서 2분의 1 정도로 긋습니다.

보기) 옌, 롄

모음에는 가로형도 있다

앞에서는 세로형 모음 쓰기에 대해 배웠습니다. 이번에는 가로형 모음인 ㅗ, ㅛ, ㅜ, ㅠ 쓰기에 대해 알아봅니다. 가로형 모음에서는 가로획과 세로획의 두 획이 어떻게 결합하는지, 크기와 길이는 어떻게 다른지 주의합니다.

ㅗ, ㅛ,ㅜ, ㅠ는 가로획을 길게 쓰고 세로획을 짧게 쓰는 글자입니다. 글자에 맞게 아이가 각 획의 길이에 주의하여 연습하도록 지도합니다. ㅗ에 획을 더하여 ㅛ를 연습하고, ㅜ에 획을 더하여 ㅠ를 연습하도록 합니다.

모음의 가로형 대표 글자 ㅗ

ㅗ(오)는 세로획을 수직으로 짧게 그은 뒤, 가로획을 수평으로 그어 씁니다. 이때 세로획은 길게 쓰지 않고, 가로획은 세로획과 떼어 쓰지 않습니다. 가로획은 세로획이 가로획을 이등분하는 지점에 맞춰 씁니다. 그리고 ㄴ처럼 한 획으로 쓰지 않도록 주의하세요.

<오, 2획>

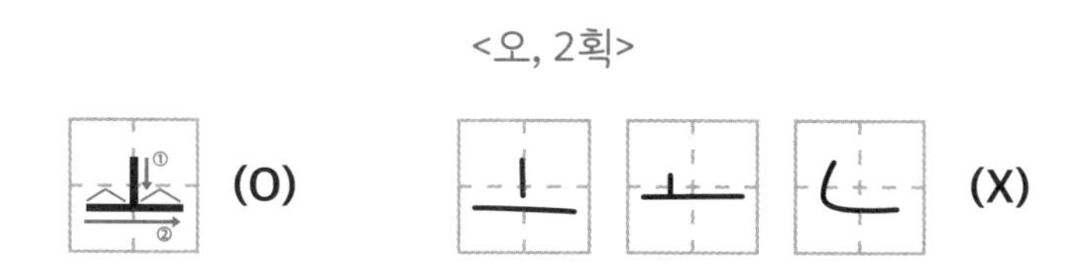

글자 속 ㅗ의 모양과 크기를 살펴볼까요? 나머지 가로형 모음의 다양한 모양과 크기는 뒷쪽의 '실전! 엄마표 바른 글씨체 지도법'에서 확인할 수 있습니다.

<오가 '고, 노, 도, 보'가 될 경우>

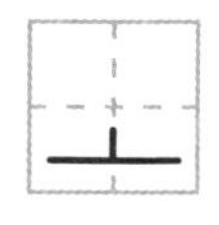

받침 없는 글자에 쓰이면, 세로획을 가로획의 3분의 1에서 2분의 1 정도 길이로 씁니다.

<오가 '곰, 논, 독, 볼'이 될 경우>

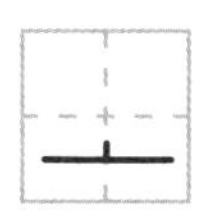

받침 있는 글자에 쓰이면, 세로획을 위의 ㅗ보다 조금 짧게 긋습니다. 세로획은 가로획의 4분의 1 정도 길이로 씁니다.

ㅗ에 세로획을 더한 글자 ㅛ

ㅛ(요)는 짧은 세로획 2개를 수직으로 평행하게 그은 뒤, 가로획을 수평으로 그어 씁니다. 이때 두 세로획은 각각 가로획을 삼등분한 지점에 긋습니다. ㅗ를 쓸 때보다 어려워할 수 있는데, 모음 ㅗ 쓰기 연습을 잘했다면 ㅛ 쓰기도 많이 어렵지 않으니 차근차근 글자 쓰기를 확장해 나가도록 합니다.

<요, 3획>

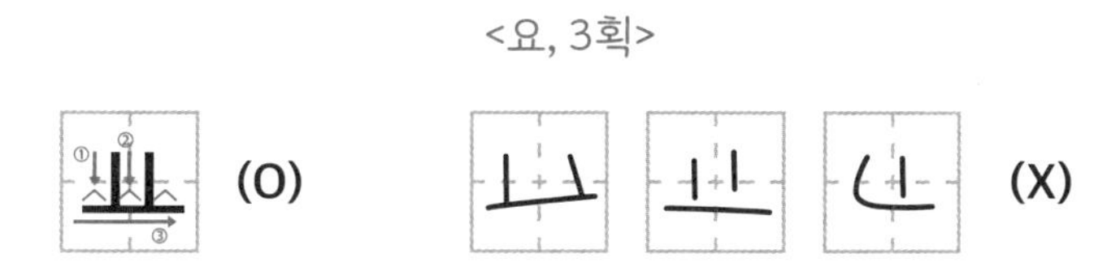

모음의 가로형 둘째 ㅜ

ㅜ(우)는 가로획을 수평으로 그은 뒤, 가로획의 중간에서 세로획을 수직으로 곧게 그어 씁니다. 이때 세로획은 너무 짧게 쓰지 않고, 가로획과 떼어 쓰지 않습니다. 그리고 ㄱ처럼 한 획으로 쓰지 않도록 주의하세요.

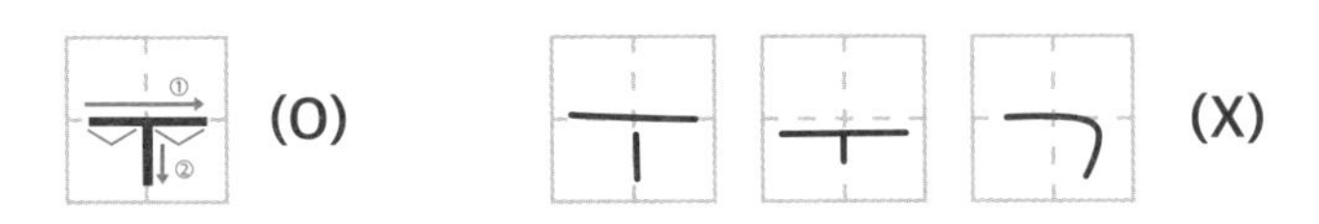

ㅜ에 세로획을 더한 글자 ㅠ

ㅠ(유)는 가로획을 수평으로 그은 뒤, 가로획을 삼등분한 지점에서 세로획 2개를 각각 그어 씁니다. 세로획을 수직으로 곧게 쓰세요. ㅜ를 쓸 때처럼 주의할 점을 지켜 주세요.

<유, 3획>

실전! 엄마표 글씨체 연습

1. ㅛ 쓰기

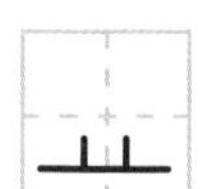

: 받침 없는 글자에 쓰이면, ㅛ를 세로획을 가로획의 3분의 1에서 2분의 1 정도 길이로 씁니다.

보기) 묘, 쇼, 요, 효

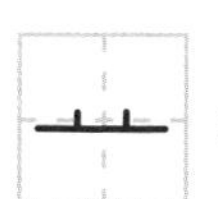

: 받침 있는 글자에 쓰이면, 세로획을 위의 ㅛ보다 짧게 긋습니다. 세로획은 가로획의 4분의 1 정도 길이로 씁니다.

보기) 묫, 숄, 욕

2. ㅜ 쓰기

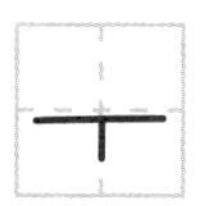

: 받침 없는 글자에 쓰이면, ㅜ의 세로획을 가로획의 2분의 1 정도 길이로 씁니다.

보기) 구, 누, 두, 부

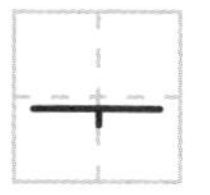

: 받침 있는 글자에 쓰이면, 세로획을 위의 ㅜ보다 짧게 긋습니다. 세로획은 가로획의 4분의 1 정도 길이로 씁니다.

보기) 국, 눈, 둥, 불

3. ㅠ 쓰기

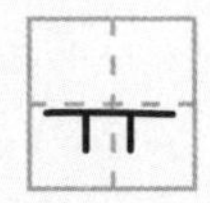

: 받침 없는 글자에 쓰이면, ㅠ의 세로획을 가로획의 2분의 1 정도 길이로 씁니다.

보기) 규, 슈, 유, 휴

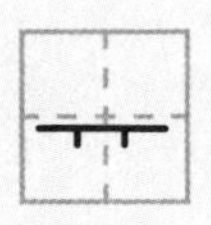

: 받침 있는 글자에 쓰이면, 세로획을 위의 ㅠ보다 조금 짧게 긋습니다. 세로획은 가로획의 4분의 1 정도 길이로 씁니다.

보기) 균, 슐, 육, 흄

가로형과 세로형을 합친 모음 쓰는 법

가로형 모음 ㅗ, ㅜ, ㅡ와 세로형 모음 ㅏ, ㅓ, ㅣ 등의 결합으로 ㅚ, ㅘ, ㅙ, ㅟ, ㅝ, ㅞ, ㅢ 모음이 만들어졌습니다. 이때 아이가 가로형 모음인 ㅗ, ㅜ를 조금 작게 쓰도록 지도합니다. 모음이 자리를 많이 차지하기 때문에 나중에 이들 모음이 들어간 글자를 쓸 때, 자음을 작게 쓰도록 합니다.

ㅗ와 ㅣ의 결합 글자 ㅚ

ㅚ(외)는 ㅗ를 쓴 뒤, 오른쪽에 ㅣ를 덧붙여 씁니다. 이때 ㅗ와 ㅣ는 거의 붙여 쓰고, ㅗ가 ㅣ의 아래에서부터 3분의 1 지점에 위치하도록 씁니

다. ㅗ의 위치가 이보다 더 위나 아래에 있지 않도록 지도하세요.

<외, 3획>

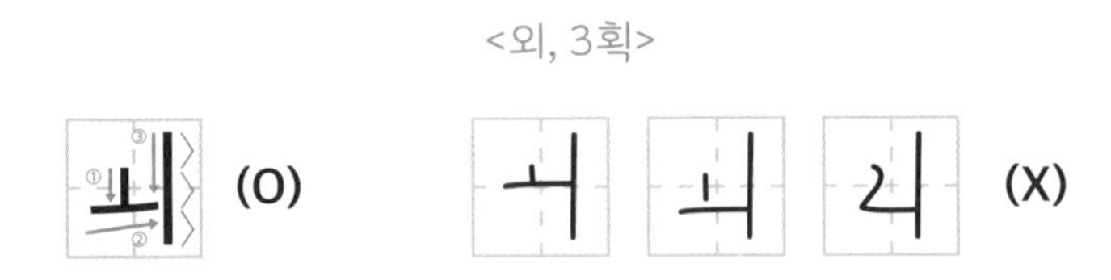

글자 속 ㅚ의 모양과 크기를 살펴볼까요?

<외가 '괴, 되, 외, 회'가 될 경우>

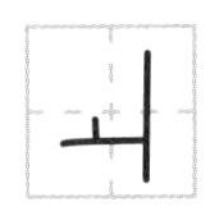

받침 없는 글자에 쓰이면, 길게 씁니다. ㅗ는 ㅏ의 3분의 1 지점에 위치하도록 씁니다. ㅗ의 세로획의 길이는 가로획의 3분의 1에서 2분의 1 정도로 긋습니다

<외가 '굉, 됨, 왼, 획'이 될 경우>

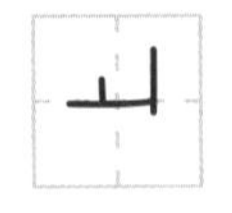

받침 있는 글자에 쓰이면, 짧게 씁니다. ㅗ는 ㅣ의 거의 아랫부분에 위

치하도록 합니다. ㅗ의 세로획의 길이는 가로획의 4분의 1 정도로 긋습니다.

ㅗ와 세로형의 결합 글자 ㅘ, ㅙ

ㅘ(와)는 ㅗ를 쓴 뒤, 오른쪽에 ㅏ를 덧붙여 씁니다. 이때 ㅗ와 ㅏ는 거의 붙여 쓰고, ㅗ가 ㅏ의 아래에서부터 3분의 1 지점에 위치하도록 씁니다. ㅗ의 위치가 이보다 더 위나 아래에 있지 않도록 하세요.

<와, 4획>

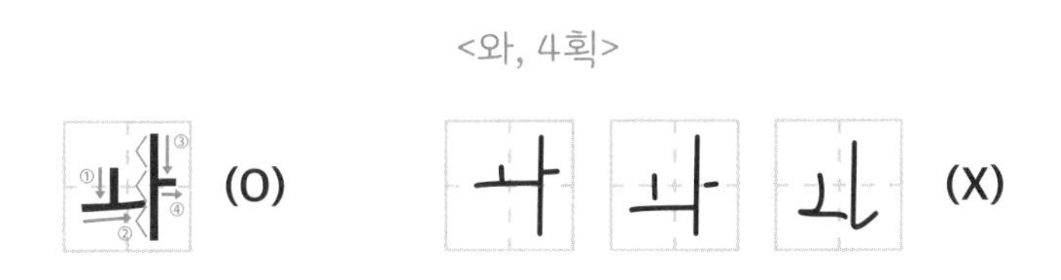

ㅙ(위)는 ㅗ를 쓴 뒤, 오른쪽에 ㅐ를 덧붙여 씁니다. 이때 ㅗ와 ㅐ는 거의 붙여 쓰고, ㅗ가 ㅐ의 아래에서부터 3분의 1 지점에 위치하도록 씁니다. ㅗ의 위치가 이보다 더 위나 아래에 있지 않도록 하세요.

<왜, 5획>

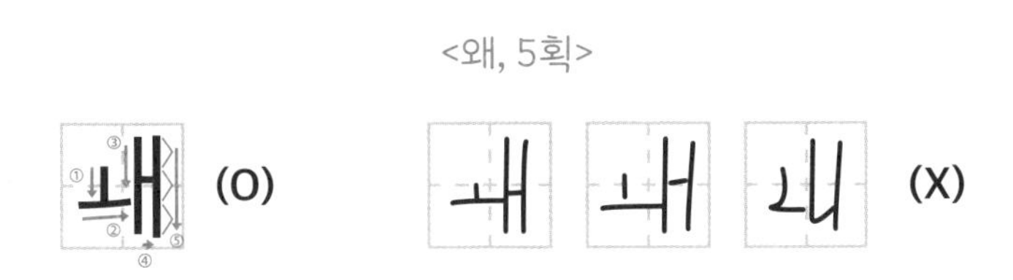

ㅜ와 세로형의 결합 글자 ㅟ, ㅝ, ㅞ

ㅟ(위)는 ㅜ를 쓴 뒤, 오른쪽에 ㅣ를 덧붙여 씁니다. 이때 ㅜ와 ㅣ는 거의 붙여 쓰고, ㅜ가 ㅣ의 중간 부분에 위치하도록 씁니다. ㅣ의 길이는 ㅜ의 길이에 맞춰 쓰도록 지도하세요.

<위, 3획>

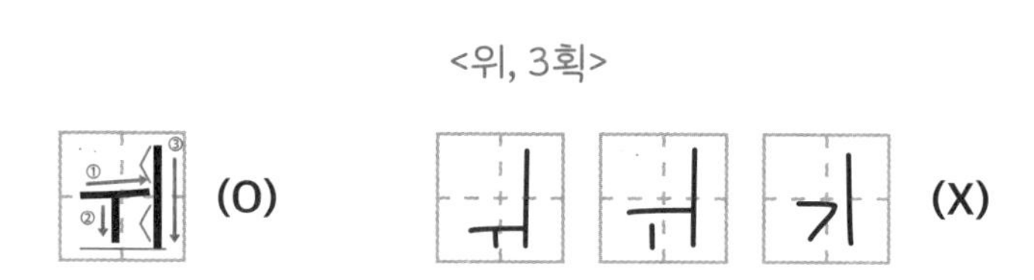

ㅝ(워)는 ㅜ를 쓴 뒤, 오른쪽에 ㅓ를 덧붙여 씁니다. 이때 ㅜ와 ㅓ는 거의 붙여 쓰고, ㅜ가 ㅓ의 중간 위치에 있도록 씁니다. ㅓ의 가로획은 ㅜ 아래에 있도록 그어 주세요. ㅓ의 길이는 ㅜ의 끝점에 맞춰 씁니다.

<워, 4획>

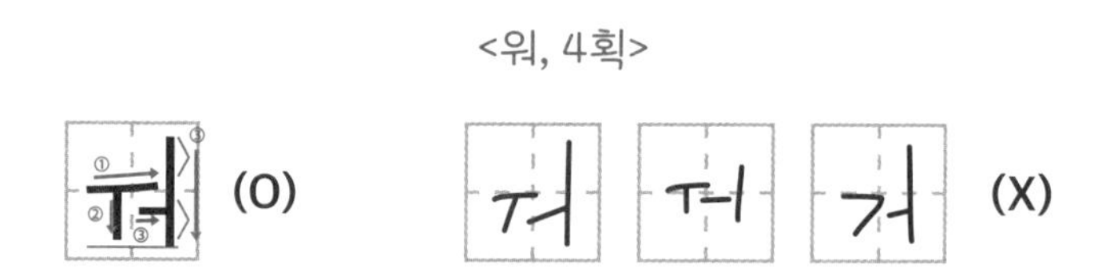

ㅞ(웨)는 ㅜ를 쓴 뒤, 오른쪽에 ㅔ를 덧붙여 씁니다. 이때 ㅜ와 ㅔ는 거의 붙여 쓰고, ㅜ가 ㅔ의 중간 위치에 있도록 씁니다. ㅔ의 가로획은 ㅜ 아래에 있도록 그어 주세요. ㅔ의 길이는 ㅜ의 길이에 맞춰 씁니다.

<웨, 5획>

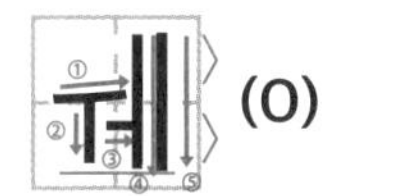

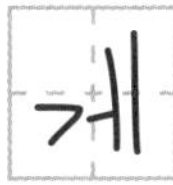

ㅡ와 ㅣ의 결합 글자 ㅢ

ㅢ(의)는 ㅡ를 쓴 뒤, 오른쪽에 ㅣ를 덧붙여 씁니다. 이때 ㅡ와 ㅣ는 거의 붙여 쓰고, ㅡ가 ㅣ의 아래에서부터 3분의 1 지점에 위치하도록 씁니다. ㅡ와 ㅣ를 연결하여 쓰지 않도록 유의합니다.

<ㅢ, 3획>

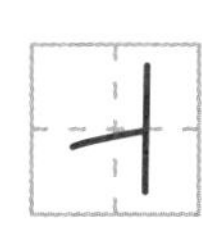
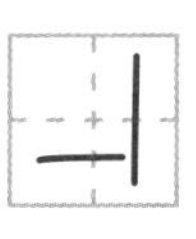
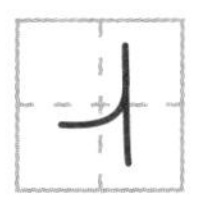

(X)

실전! 엄마표 글씨체 연습

1. ㅘ 쓰기

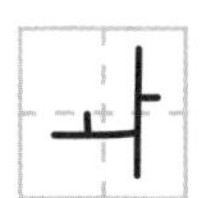

: 받침 없는 글자에 쓰이면, ㅘ를 길게 씁니다. ㅗ는 ㅏ의 3분의 1 지점에 위치하도록 합니다. ㅗ의 세로획의 길이는 가로획의 3분의 1에서 2분의 1 정도로 긋고, ㅏ의 가로획의 길이는 세로획의 4분의 1 정도로 긋습니다.

보기) 과, 놔, 와, 화

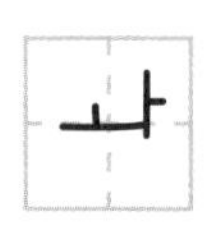

: 받침 있는 글자에 쓰이면, 짧게 씁니다. ㅗ는 ㅏ의 거의 아랫부분에 위치하도록 씁니다. ㅗ의 세로획의 길이는 가로획의 4분의 1에서 3분의 1 정도로 긋고, ㅏ의 가로획은 세로획의 중간보다 아래에서 세로획의 2분의 1 정도 길이로 긋습니다.

보기) 관, 놨, 왕, 활

2. ㅙ 쓰기

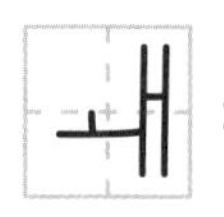

: 받침 없는 글자에 쓰이면, ㅙ를 길게 씁니다. ㅗ는 ㅐ의 3분의 1 지점에 위치하도록 씁니다. ㅗ의 세로획의 길이는 가로획의 3분의 1에서 2분의 1 정도로 긋고, ㅐ의 가로획의 길이는 세로획의 4분의 1 정도로 긋습니다.

보기) 괘, 돼, 왜, 홰

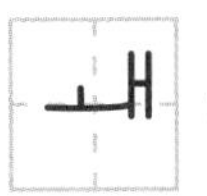

: 받침 있는 글자에 쓰이면, 짧게 씁니다. ㅗ의 세로획의 길이는 가로획의 4분의 1에서 3분의 1 정도로 긋고, ㅐ의 가로획은 세로획의 중간보다 아래에서 세로획의 3분의 1 정도 길이로 긋습니다.

보기) 괜, 됐, 왠, 횃

3. ㅟ 쓰기

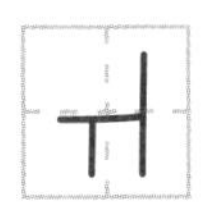

: 받침 없는 글자에 쓰이면, ㅟ를 길게 씁니다. ㅜ는 ㅣ의 2분의 1 지점에 위치하도록 씁니다. ㅜ의 세로획의 길이는 가로획의 2분의 1 정도로 긋습니다.

보기) 귀, 뉘, 위, 휘

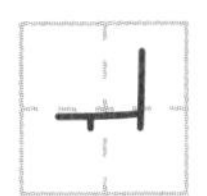

: 받침 있는 글자에 쓰이면, 짧게 씁니다. ㅜ는 ㅣ의 거의 아랫부분에 위치하도록 씁니다. ㅜ의 세로획의 길이는 가로획의 4분의 1 정도로 긋습니다.

보기) 귓, 뉨, 윈, 휭

4. ㅝ 쓰기

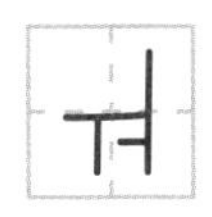

: 받침 없는 글자에 쓰이면, ㅝ를 길게 씁니다. ㅜ는 ㅓ의 2분의 1 지점에 위치하도록 씁니다. ㅜ의 세로획의 길이는 가로획의 2분의 1 정도 되게 긋고, ㅓ의 가로획의 길이는 세로획의 3분의 1 정도 되게 긋습니다.

보기) 궈, 둬, 워, 훠

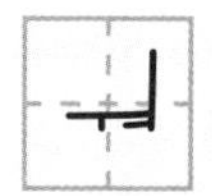

: 받침 있는 글자에 쓰이면, 짧게 씁니다. ㅜ는 ㅓ의 3분의 1 지점에 위치하도록 씁니다. ㅜ의 세로획의 길이는 가로획의 3분의 1 정도로 긋고, ㅏ의 가로획의 길이는 세로획의 3분의 1 정도로 긋습니다.

보기) 권, 둬, 웜, 훨

5. ㅞ 쓰기

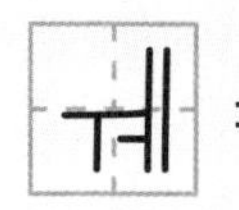

: 받침 없는 글자에 쓰이면, ㅞ를 길게 씁니다. ㅜ는 ㅔ의 2분의 1 지점에 위치하도록 합니다. ㅜ의 세로획의 길이는 가로획의 2분의 1보다 좀 더 길게 긋고, ㅔ의 가로획의 길이는 세로획의 4분의 1 정도 되게 긋습니다.

보기) 궤, 뒈, 웨, 훼

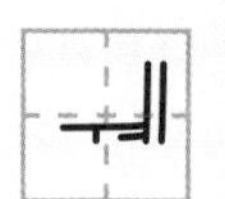

: 받침 있는 글자에 쓰이면, 짧게 씁니다. ㅜ는 ㅔ의 거의 아랫부분에 위치하도록 씁니다. ㅜ의 세로획의 길이는 가로획의 3분의 1에서 2분의 1 정도로 긋고, ㅔ의 가로획의 길이는 세로획의 3분의 1 정도로 긋습니다.

보기) 웬, 웬

6. ㅢ 쓰기

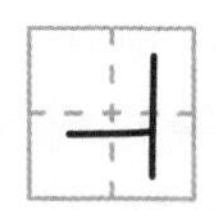

: 받침 없는 글자에 쓰이면, 길게 씁니다. ㅡ는 세로획의 3분의 1 지점에 위치하도록 씁니다. ㅣ를 ㅡ보다 더 길게 씁니다.

보기) 늬, 의, 띄, 희

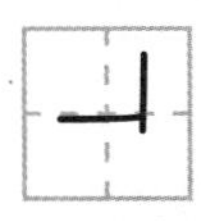

: 받침 있는 글자에 쓰이면, 짧게 씁니다. ㅡ는 ㅣ의 거의 아랫부분에 위치하도록 씁니다. ㅡ를 ㅣ보다 더 길게 씁니다.

보기) 닐, 띈, 흰

2장

결합 글자 한글 쓰기는 이것만 알면 됩니다

받침 없는 글자의 3가지 기본 모양

한글 낱자를 보면 저마다 모양이 있습니다. 받침이 없는 글자는 기본적으로 세 가지 모양을 하고 있습니다. 아이에게 세 가지 모양을 보여 주고 자음과 모음의 위치를 확인하도록 합니다. 특히 모양에 따라 어떤 모음을 쓰는지 주의 깊게 살피도록 합니다.

다음의 받침 없는 글자의 세 가지 모양을 살펴보세요.

<자음과 세로형 모음의 결합>

자음 오른쪽에 모음(ㅏ, ㅑ, ㅓ, ㅕ, ㅣ, ㅐ, ㅒ, ㅔ, ㅖ)을 쓰는 형태입니다. 이때 자음과 모음은 세로 방향으로 모두 크고 길게 씁니다. 예를 들어 가, 냐, 더, 려, 미, 배, 섀, 에, 예가 있습니다.

<자음과 가로형 모음의 결합>

자음 아래쪽에 모음(ㅗ, ㅛ, ㅜ, ㅠ, ㅡ)을 쓰는 형태입니다. 이때 자음과 모음은 세로 방향으로 모두 크고 길게 씁니다. 이 형태의 예는 고, 뇨, 두, 류, 므가 있습니다.

<자음과 가로 + 세로형 모음의 결합>

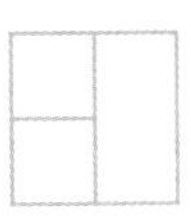

자음 아래쪽과 오른쪽에 모음(ㅚ, ㅟ, ㅘ, ㅝ, ㅙ, ㅞ)을 쓰는 형태입니다. 이때 자음은 작게 쓰고 모음은 길게 씁니다. 예를 들어 괴, 뉘, 둬, 왜, 웨가 있습니다. 그러면 지금부터 하나씩 알아봅시다.

자음 오른쪽에 모음이 오는 글자는 어떻게 쓸까?

받침 없는 글자의 첫 번째 형태는 자음을 쓰고 오른쪽에 모음을 쓰는 모양입니다. 받침 없는 한글일 때 항상 자음이 왼쪽이고 모음은 오른쪽에 위치합니다. 이때 오른쪽에 쓰는 모음은 'ㅏ, ㅐ, ㅑ, ㅒ, ㅓ, ㅕ, ㅖ, ㅣ'입니다. 자음과 모음 모두 길게 쓰도록 지도하되, 모음을 자음보다 조금 더 길게 쓰도록 합니다. 그리고 자음과 모음의 간격을 적절히 조절하도록 합니다. 너무 띄거나 너무 붙이지 않도록 주의합니다. 자음 ㄱ을 예로 들어 각각의 모음별 결합 글자 형태를 알아봅니다. 다른 자음과 모음의 결합 글자는 '실전! 엄마표 글씨체 연습'에서 확인하세요.

자음 + ㅏ, ㅑ, ㅣ

자음을 쓰고, 오른쪽에 ㅏ, ㅑ, ㅣ를 씁니다. 자음과 모음 모두 크고 길게 쓰되, 모음을 자음보다 조금 더 길게 씁니다. 자음과 모음의 간격이 너무 넓거나 좁지 않아야 합니다. 예시는 다음과 같습니다.

자음 + ㅓ, ㅕ

자음을 쓰고, 오른쪽에 ㅓ, ㅕ를 씁니다. 자음과 모음 모두 크고 길게 쓰되, 모음을 자음보다 조금 더 길게 씁니다. 자음은 모음의 가로획과 매우 가깝거나 거의 붙여 씁니다.

자음 + ㅐ, ㅒ

자음을 쓰고, 오른쪽에 ㅐ, ㅒ를 씁니다. 자음은 길게 쓰되 '가'의 자음보다 너비를 조금 줄여 씁니다. 자음과 모음의 간격이 너무 넓거나 좁지 않아야 합니다.

자음 + ㅔ, ㅖ

자음을 쓰고, 오른쪽에 ㅔ, ㅖ를 씁니다. 자음은 길게 쓰되 '거'의 자음보다 너비를 조금 줄여 씁니다. 자음은 모음의 가로획과 매우 가깝거나 거의 붙여 씁니다.

실전! 엄마표 글씨체 연습

1. 자음 + ㅏ, ㅑ, ㅣ

마 : 자음 ㄱ, ㅁ, ㅂ, ㅇ, ㅋ은 자음 가로획의 2분의 1 정도 간격으로 모음과 띄어 씁니다.

보기) 가, 마, 바, 아, 카 | 갸, 야, 캬 | 기, 미, 비, 이, 키

나 나 : 자음 ㄴ, ㄷ, ㄹ, ㅌ, ㅍ는 마지막 가로획을 조금 길게 그어 모음과 조금 떼거나 거의 붙여 씁니다.

보기) 나, 다, 라, 타, 파 | 냐, 랴, 탸 | 니, 디, 리, 티, 피

사 따 : 자음 ㅅ, ㅈ, ㅊ, ㅎ, ㄲ, ㄸ, ㅃ, ㅆ, ㅉ은 자리를 좀 더 차지하므로 모음과의 간격을 위의 글자보다 좁게 씁니다.

보기) 사, 자, 차, 하, 까, 따, 빠, 싸, 짜 | 샤, 꺄 | 시, 끼

2. 자음 + ㅓ, ㅕ

버 머 : 자음 ㄱ, ㅁ, ㅂ, ㅇ, ㅋ, ㄲ, ㅃ은 모음의 가로획과 거의 붙여 씁니다.

보기) 거, 머, 버, 어, 커, 꺼, 빠 | 겨, 며, 벼, 여, 켜, 뼈

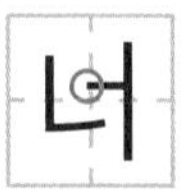

: 자음 ㄴ, ㄷ은 모음의 가로획을 조금 길게 씁니다.

보기) 너, 더 | 녀

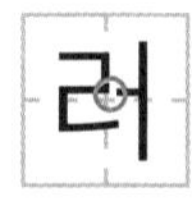

: 자음 ㄹ, ㅅ, ㅊ, ㅌ, ㅍ, ㅎ, ㄸ, ㅆ, ㅉ 은 모음의 가로획과 조금만 띄어 씁니다.

보기) 러, 서, 처, 터, 퍼, 허 떠, 써, 쩌 | 셔, 쳐, 텨, 펴, 혀, 쪄

3. 자음 + ㅐ, ㅒ

: 자음 ㄱ, ㅁ, ㅂ, ㅇ, ㅋ은 뒤에 오는 모음의 너비 정도 간격으로 모음과 띄어 씁니다.

보기) 개 매, 배, 애, 캐 | 걔, 얘

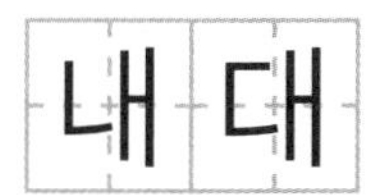

: 자음 ㄴ, ㄷ, ㄹ, ㅌ, ㅍ는 마지막 가로획을 조금 길게 그어 모음과 거의 붙여 씁니다.

보기) 내, 대, 래, 태, 패

: 자음 ㅅ, ㅈ, ㅊ, ㅎ, ㄲ, ㄸ, ㅃ, ㅆ, ㅉ은 자리를 좀 더 차지하므로 모음과의 간격을 위의 글자보다 좁게 씁니다.

보기) 새, 재, 채, 해, 깨, 때, 빼, 쌔, 째 | 섀, 쟤

4. 자음 + ㅔ, ㅖ

: 자음 ㄱ, ㅁ, ㅂ, ㅇ, ㅋ, ㄲ, ㅃ은 모음의 가로획과 붙여 씁니다.

보기) 게, 메, 베, 에, 케 | 계, 예

: 자음 ㄴ, ㄷ은 모음과의 간격을 더 가까이 하되, 모음의 가로획을 조금 길게 긋습니다.

보기) 네, 데

: 자음 ㅅ, ㅈ, ㅊ, ㅎ, ㄸ, ㅆ, ㅉ은 자리를 좀 더 차지하므로 모음과의 간격을 위의 글자보다 좁게 씁니다.

보기) 세, 제, 체, 헤, 떼, 쎄, 쩨 | 셰, 혜

자음 아래에 오는 모음은 이렇게 쓴다

받침 없는 글자의 두 번째 형태는 자음을 쓰고 아래쪽에 모음을 쓰는 모양입니다. 이때 아래쪽에 쓰는 모음은 'ㅗ, ㅛ, ㅜ, ㅠ, ㅡ'입니다. 전체적으로 조금 넓고 납작한 느낌이 나게 쓰도록 하되, 모음을 자음보다 조금 더 넓게 쓰도록 지도합니다.

아이가 자음을 쓸 때 크기를 잘 조절 못하면 정사각형 모양으로 쓰도록 합니다. 그리고 자음과 모음의 간격을 적절히 조절하여 너무 띄거나 너무 붙이지 않도록 주의합니다. 한글은 정사각형 모양의 글자임을 잊지 말고 활용하세요.

여기서도 자음 ㄱ을 기준으로 모음 결합 글자를 설명했으니, 다른 자음과 결합 글자를 보고 싶으면 '실전! 엄마표 글씨체 연습'을 확인하세요.

자음 + ㅗ, ㅛ

자음을 쓰고, 아래쪽에 ㅗ, ㅛ를 씁니다. 자음은 크고 납작하게 쓰고, 모음은 자음의 너비보다 조금 더 길게 씁니다. 자음과 모음은 서로 조금 겹쳐지거나 붙여 씁니다.

자음과 모양의 크기, 둘 사이의 간격을 살펴보세요. 제대로 쓴 글자와 그렇지 않은 글자의 차이가 느껴지시나요? 다음은 자음과 모음 ㅗ, ㅛ의 결합 글자에 대해 알아봅니다.

<자음이 고, 코, 꼬가 될 때>

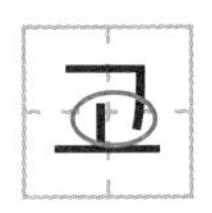

자음 ㄱ, ㅋ, ㄲ이 모음 ㅗ와 결합될 때에 글자 쓰기는 조금 겹쳐지게 씁니다. 너무 붙거나 떨어지지 않게 쓰도록 유의하세요. 모음 ㅛ와 결합할 때도 같은 원리입니다.

<자음이 소, 조, 초가 될 때>

자음 ㅅ, ㅈ, ㅊ, ㅋ, ㄲ, ㅆ, ㅉ이 ㅗ 모음과 결합될 때는 거의 겹쳐지지 않게 씁니다. ㅛ 모음과 결합하여 쇼, 죠, 쵸 등이 될 때도 마찬가지입니다.

<자음이 노, 로, 모, 오가 될 때>

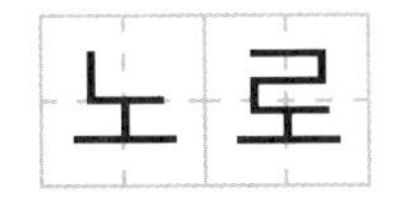

그와 반대로 자음 ㄴ, ㄷ, ㄹ, ㅁ, ㅂ, ㅇ, ㅌ, ㅍ, ㅎ, ㄸ, ㅃ 은 모음 ㅗ와 딱 붙여 씁니다. 모음 ㅛ와 결합하여 뇨, 료, 묘 등이 될 때도 같습니다.

자음 + ㅜ, ㅠ

자음을 쓰고, 아래쪽에 ㅜ, ㅠ를 씁니다. 자음은 'ㅗ, ㅛ'와 결합한 자음보다 조금 더 납작하게 쓰고, 모음은 자음의 너비보다 조금 더 길게 씁니다. 모음의 세로획은 자음의 높이와 같거나 좀 더 길게 씁니다.

자음 + ㅡ

자음을 쓰고, 아래쪽에 ㅡ를 씁니다. 자음은 납작하게 쓰고, 모음은 자음의 너비보다 조금 더 길게 씁니다. 단, ㄱ은 세로획을 가로획보다 좀 더 길게 씁니다.

자음과 모음은 ㄱ을 제외하고는 대부분 적당히 떼어 씁니다.

실전! 엄마표 글씨체 연습

1. 자음 + ㅜ, ㅠ

: 자음 ㄱ, ㅋ, ㄲ은 모음과 붙여 씁니다.

보기) 구, 쿠, 꾸 | 규, 큐

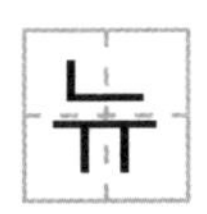
: 자음 ㄱ, ㅋ, ㄲ 외의 모든 자음은 모음과 적절하게 떼어 씁니다.

보기) 누, 두, 루, 무, 부, 수, 후, 뚜 | 듀, 류, 뮤, 뷰, 쀼

2. 자음 + ㅡ

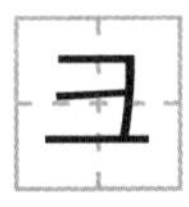
: 자음 ㄱ, ㅋ, ㄲ은 모음과 붙여 씁니다.

보기) 그, 크, 끄

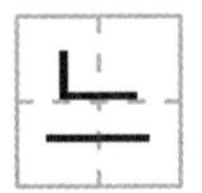
: 자음 ㄴ, ㄷ, ㅁ, ㅂ, ㅅ, ㅇ, ㅈ, ㅍ, ㄸ, ㅆ, ㅉ 은 모음과 적당히 떼어 씁니다.

보기) 느, 드, 므, 브, 스, 으, 즈, 프, 뜨, 쓰, 쯔

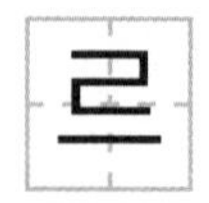

: 자음 ㄹ, ㅊ, ㅌ, ㅎ은 자리를 좀 더 차지하므로 모음과의 간격을 조금 좁게 씁니다.

보기) 르, 츠, 트, 흐

자음 아래쪽과 오른쪽에 모음이 오는 글자 쓰는 법

받침 없는 글자의 세 번째 형태는 자음을 쓰고 아래쪽과 오르쪽에 모음을 쓰는 모양입니다. 이때 사용하는 모음은 'ㅢ, ㅚ, ㅘ, ㅙ, ㅟ, ㅝ, ㅞ'입니다. 전체적으로 네모난 느낌이 나게 쓰도록 하되, 자음을 조금 작게 쓰도록 지도합니다.

자음 + ㅢ

자음을 쓰고, 아래쪽과 오른쪽에 ㅢ를 씁니다. 자음은 작게 쓰되, 너비와 높이를 거의 같게 합니다. 모음의 너비와 높이는 자음보다 조금 길게 씁니다. 자음과 모음은 적절하게 떼어 씁니다. 예를 들어 아래처럼 씁니다.

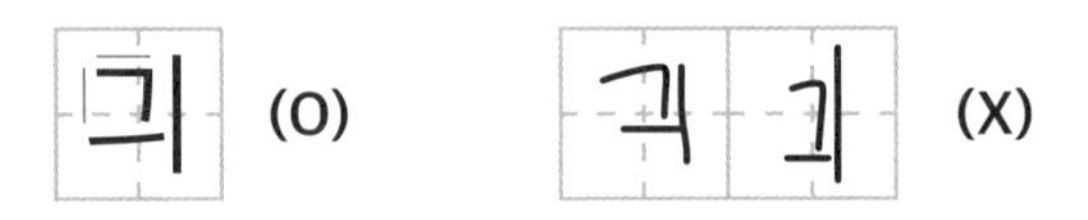

자음과 모음의 모양과 크기, 둘 사이의 간격을 살펴보세요.

<ㅢ가 '긔, 희'가 될 경우>

자음 ㄱ, ㅋ, ㅎ, ㄲ은 자리를 좀 더 차지하므로 모음(ㅡ)과의 간격을 조금 좁게 씁니다

자음 + ㅚ, ㅘ, ㅙ

자음을 쓰고, 아래쪽과 오른쪽에 ㅚ, ㅘ, ㅙ를 씁니다. 자음은 작게 쓰되, 너비와 높이를 거의 같게 쓰거나 높이를 좀 더 길게 씁니다. 모음 ㅗ의 가로획은 조금 줄여 쓰고, ㅣ, ㅏ, ㅐ를 길게 씁니다. 자음과 모음 ㅗ의 세로획은 서로 조금 겹쳐지거나 붙여 씁니다.

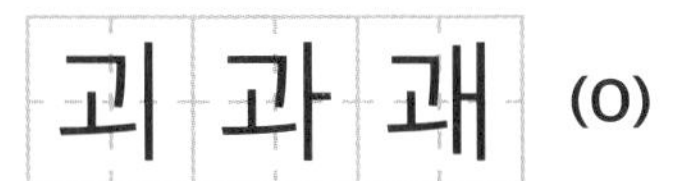

자음 + ㅟ, ㅝ, ㅞ

자음을 쓰고, 아래쪽과 오른쪽에 ㅟ, ㅝ, ㅞ를 씁니다. 자음은 작게 쓰되, 너비와 높이를 거의 같게 씁니다. 모음 ㅜ의 가로획은 조금 줄여 쓰고, ㅣ, ㅓ, ㅔ는 길게 씁니다. 자음과 모음 ㅜ는 ㄱ을 제외하고는 대부분 조금 떼어 씁니다.

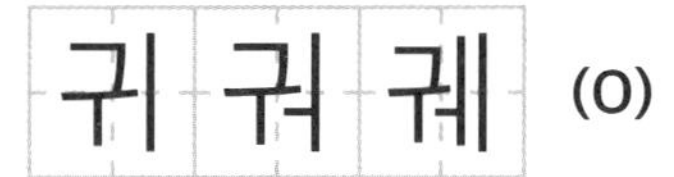

실전! 엄마표 글씨체 연습

1. 자음 + ㅢ

늬 : 자음 ㄴ, ㄷ, ㅁ, ㅂ, ㅅ, ㅇ, ㅈ, ㅊ, ㅌ, ㅍ, ㄸ, ㅆ, ㅉ은 모음과 적당히 떼어 씁니다.

보기) 늬, 듸, 의, 틔, 띄, 씌

2. 자음 + ㅚ, ㅘ, ㅙ

괴 : 자음 ㄱ, ㅋ, ㄲ은 세로로 좀 더 길게 쓰고, 모음 ㅗ와 조금 겹쳐지게 씁니다.

보기) 괴, 쾨, 꾀 | 과, 콰, 꽈 | 괘, 쾌, 꽤

: 자음 ㅅ, ㅈ, ㅊ, ㅋ, ㄲ, ㅆ, ㅉ은 모음 ㅗ와 거의 겹쳐지지 않게 하고, ㅗ의 세로획은 자음의 가운데 위치에 오게 씁니다.

보기) 쇠, 죄, 최, 쾨, 쐬, 쬐 | 솨, 좌, 콰, 쏴, 쫘| 쇄, 쐐, 쫴

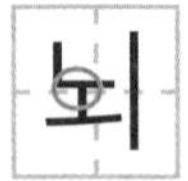

: 자음 ㄴ, ㄷ, ㄹ, ㅁ, ㅂ, ㅇ, ㅌ, ㅍ, ㅎ, ㄸ, ㅃ 은 모음 ㅗ와 붙여 씁니다.

보기) 뇌, 되, 뢰, 뵈, 외, 퇴, 푀, 회, 뙤 | 놔, 봐, 화 | 돼, 봬

2. 자음 + ㅟ, ㅝ, ㅞ

: 자음 ㄱ, ㅋ, ㄲ은 모음 ㅜ와 붙여 씁니다.

보기) 귀, 퀴, 뀌 | 궈, 퀴, 꿔 | 궤, 퀘, 꿰

: 자음 ㄱ, ㅋ, ㄲ 외의 모든 자음은 모음과 적절하게 떼어 씁니다.

보기) 뉘, 뒤, 쉬, 위, 쥐, 취, 튀, 휘, 뀌 | 눠, 둬, 워, 와, 줘 | 눼, 훼

받침 있는 글자의 기본 모양을 익혀라

받침 있는 글자 쓰기는 아이들이 어려워하는 부분입니다. 그래서 모양에 더욱 주의하여 천천히 연습하도록 합니다. 받침이 있는 글자도 기본적으로 세 가지 모양을 하고 있습니다. 아이에게 세 가지 모양을 보여 주고 자음과 모음의 위치를 확인하도록 합니다. 특히 글자 모양에 따라 자음의 크기와 모음의 크기가 어떻게 달라지는지 주의하도록 합니다.

다음의 받침 있는 글자의 세 가지 모양을 살펴보세요.

<자음 + 세로형 모음 + 받침>

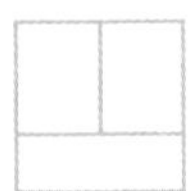

자음 오른쪽에 모음(ㅏ, ㅑ, ㅓ, ㅕ, ㅣ, ㅐ, ㅒ, ㅔ, ㅖ)을 쓰고, 맨 아래에 받침을 쓰는 형태입니다. 이때 각 자음과 모음을 조금 작게 씁니다. 예를 들어 강, 냑, 던, 렬, 밈, 뱁 등이 있습니다.

<자음 + 가로형 모음 + 받침>

자음 아래쪽에 모음(ㅗ, ㅛ, ㅜ, ㅠ, ㅡ)을 쓰고, 맨 아래에 받침을 쓰는 형태입니다. 이때 첫 자음과 받침의 크기를 비슷하게 씁니다. 곰, 둑, 률, 응 글자가 있습니다.

<자음 + 가로형 모음 + 세로형 모음 + 받침>

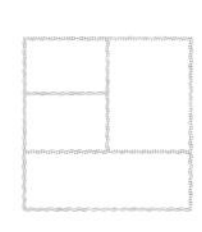

자음 아래쪽과 오른쪽에 모음(ㅚ, ㅟ, ㅘ, ㅝ, ㅙ, ㅞ)을 쓰고, 맨 아래에 받침을 쓰는 형태입니다. 이때 각 자음과 모음의 크기를 작게 쓰고 간격도 좁혀 씁니다. 왕, 괜, 원 등의 글자가 있습니다. 그럼 이제 구체적인 받침 형태 글자에 대해 알아봅니다.

받침 있는 글자는 모양별로 연습하라

받침 있는 글자의 첫 번째 형태는 자음과 모음, 그리고 받침 자음 글자입니다. 받침 없는 글자와 같이 네모 모양을 만든다는 느낌으로 글자를 조합합니다.

자음 + ㅏ, ㅑ, ㅓ, ㅕ, ㅣ, ㅐ, ㅒ, ㅔ, ㅖ + 받침 자음

자음을 쓰고 오른쪽에 ㅏ, ㅑ, ㅓ, ㅕ, ㅣ, ㅐ, ㅔ, ㅖ를 쓴 뒤, 아래쪽에 받침 자음을 씁니다. 자음과 모음은 모두 작게 쓰되, 받침 자음은 첫 자음과 거의 같거나 좀 더 납작하게 쓰며 모음의 세로획에 너비를 맞춥니다.

각 자음과 모음 사이의 간격은 조금 좁게 씁니다. 다음의 글자를 보고 바르게 쓴 자음과 모음, 그리고 받침 자음의 결합을 확인해 보세요.

받침을 중심으로 각 자음과 모음의 모양과 크기, 간격을 살펴보세요.

각

받침 ㄱ, ㄷ, ㅁ, ㅅ, ㅇ, ㅈ, ㅋ, ㅍ, ㄲ, ㅆ이 들어간 글자는, 첫 자음과 모음을 전체의 3분의 2 정도 크기로 씁니다. 받침은 3분의 1 정도로 씁니다. 예를 들어 각, 갇, 감, 갓, 강, 갖, 갚, 갔이 있습니다. 그리고 억, 악, 염, 옛이 있습니다.

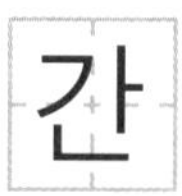

받침 ㄴ이 들어간 글자는, 첫 자음은 위와 비슷한 크기로 쓰고, 모음은 좀 더 길게 씁니다. 받침은 전체 크기의 3분의 1보다 작게 씁니다. 이 형태의 예는 간, 넌, 딘, 란, 먼, 빈이 있습니다. 그리고 얀, 언, 연, 인, 앤, 엔, 얜, 옌이 있습니다.

받침 ㄹ, ㅂ, ㅊ, ㅌ, ㅎ이 들어간 글자는, 첫 자음은 위와 비슷한 크기로 쓰고, 모음은 전체의 2분의 1 정도 크기로 씁니다. 받침은 모음의 길이 정도로 씁니다. 예를 들어 갈, 갑, 갗, 같이 있습니다. 그리고 낼, 넵, 볕, 낳, 넣이 있습니다.

자음 + ㅗ, ㅛ, ㅜ, ㅠ, ㅡ + 받침 자음

자음을 쓰고 아래쪽에 ㅗ, ㅛ, ㅜ, ㅠ, ㅡ를 쓴 뒤, 아래쪽에 받침 자음을 씁니다. 자음은 모두 납작하게 쓰고, 받침 자음은 첫 자음과 거의 같게 씁니다. 각 자음과 모음 사이의 간격은 조금 좁게 씁니다.

자음 + ㅚ, ㅘ, ㅙ, ㅟ, ㅝ, ㅞ, ㅢ + 받침 자음

자음을 쓰고 아래쪽과 오른쪽에 ㅚ, ㅘ, ㅙ, ㅟ, ㅝ, ㅞ, ㅢ를 쓴 뒤, 맨 아래쪽에 받침 자음을 씁니다. 모든 자음과 모음은 작게 쓰되, 받침 자음은 첫 자음보다 조금 크고 납작하게 씁니다. 받침의 위치와 너비를 확인하세요. 각 자음과 모음 사이의 간격은 좁게 씁니다.

자음 + ㅏ, ㅓ, ㅕ, ㅣ + 겹받침 자음

자음을 쓰고 오른쪽에 ㅏ, ㅓ, ㅕ, ㅣ를 쓴 뒤, 아래쪽에 겹받침을 씁니다. 겹받침은 전체 크기의 2분의 1 정도로 씁니다. 겹받침의 높이는 모음의 길이와 거의 같습니다. 겹받침의 위치와 너비를 확인하세요.

이와 같은 글자는 삯, 앉다, 없다, 많다, 않다, 칡, 닭, 맑다, 읽다, 삶, 앎,

닮다, 여덟, 넓다, 짧다, 밟다, 핥다, 닳다, 잃다, 값, 없다 등이 있습니다.

자음 + ㅗ, ㅜ, + 겹받침 자음

자음을 쓰고 아래쪽에 ㅗ, ㅜ, ㅡ를 쓴 뒤, 맨 아래에 겹받침을 씁니다. 겹받침은 전체 크기의 2분의 1 정도로 씁니다. 모음의 가로획을 기준으로 겹받침의 위아래 크기를 거의 같게 씁니다. 겹받침의 위치와 너비를 확인하세요.

이와 같은 글자는 몫, 끊다, 늙다, 옮다, 외곬, 훑다, 읊다, 끓다 등이 있습니다.

이제 받침을 중심으로 글자별 각 자음과 모음의 모양과 크기, 간격을 살펴보세요.

실전! 엄마표 바른 글씨체 지도법

1. 자음 + ㅗ, ㅛ, ㅜ, ㅠ, ㅡ + 받침 자음

굼 뭄 : 받침 ㄱ, ㄷ, ㄹ, ㅁ, ㅇ, ㅋ, ㅌ, ㅍ이 들어간 글자는, 각 받침을 모음 ㅜ, ㅠ에 붙여 씁니다.

보기) 국, 굳, 굴, 뭄, 웅, 뭍| 귤, 윱

: 첫 자음과 받침이 모두 ㄹ일 때, 각각 자리를 많이 차지하므로 ㄹ을 매우 납작하게 씁니다. 간격을 아주 좁히세요.

참고) 굴, 글, 눌, 늘, 들, 을,를

2. 자음 + ㅚ, ㅘ, ㅙ, ㅟ, ㅝ, ㅞ, ㅢ + 받침 자음

: 받침이 어떤 자모음과 결합하더라도 그 모양과 크기는 거의 변화가 없습니다. 받침의 크기는 전체 크기의 3분의 1 정도로 씁니다.

보기) 괸, 관, 괜, 왼, 왠, 웬

: 받침이 어떤 자모음과 결합하더라도 그 모양과 크기는 거의 변화가 없습니다.
받침의 크기는 전체 크기의 3분의 1 정도로 씁니다.

보기) 괼, 괄, 궐, 될, 뵐, 줠

서예처럼 아름다운 정자체 쓰기의 비밀

정자체는 소위 획을 '꺾어' 쓰는 글씨체입니다. 서예 필법에서 유래했지요. 그래서 손글씨로 정자체를 완벽하게 쓰려면 많은 노력과 훈련이 필요합니다. 따라서 모든 자모음을 정자체로 쓰는 것은 어렵고 비효율적이기 때문에 꺾어 쓰기의 특성이 잘 드러나는 세로획 모음 중심으로 아이와 함께 연습해 보세요.

정자체 기본 획 연습

정자체 세로획은 위에서 아래 방향으로 수직으로 긋습니다. 처음에 머리를 살짝 기울여 찍은 뒤, 손끝에 힘을 주어 세로획을 내려 긋습니다. 그 다음 손에 힘을 빼고 연필을 천천히 떼어 끝이 뾰족한 느낌을 줍니다. 머리 부분을 너무 길게 쓰거나 너무 꺾어 쓰지 않도록 합니다.

<정자체 세로획>

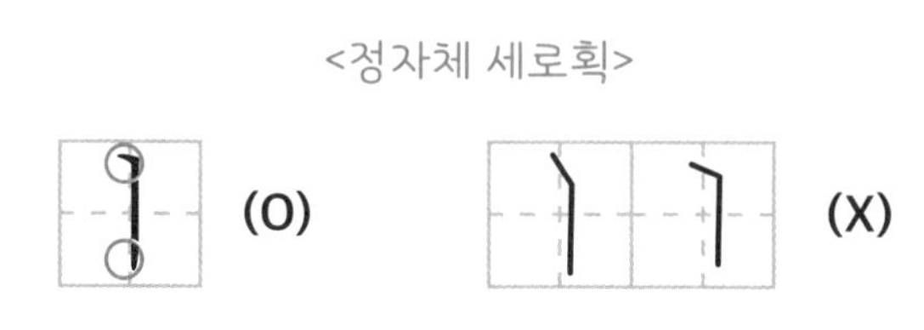

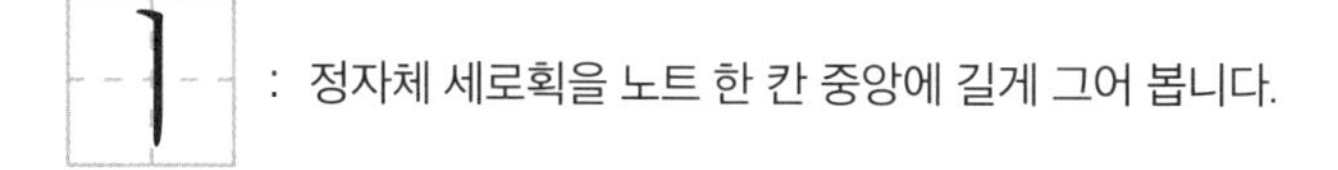

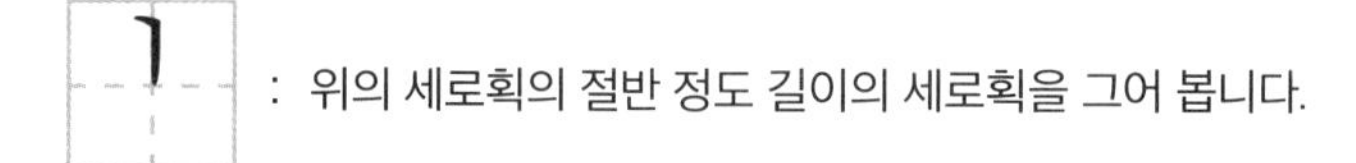

다양한 길이의 세로획을 평행하게 그어 봅니다.

정자체 가로획은 왼쪽에서 오른쪽 방향으로 수평으로 긋습니다. 처음에 획을 살짝 기울여 찍은 뒤 손끝에 힘을 주어 가로획을 긋습니다. 연필을 뗄 때는 손에 힘을 빼지 않은 상태에서 바로 뗍니다. 머리 부분을 너무 꺾어 쓰지 않도록 합니다. 가로획의 머리 부분은 안 써도 괜찮습니다.

<정자체 가로획>

: 정자체 가로획을 노트 한 칸 중앙에 길게 그어 봅니다.

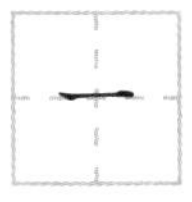
: 위의 세로획의 절반 정도 길이의 가로획을 그어 봅니다.

다양한 길이의 세로획을 평행하게 그어 봅니다.

정자체 사선은 위에서 왼쪽 아래 방향으로 기울여 긋습니다. 처음에 머리를 살짝 기울여 찍은 뒤 손끝에 힘을 주어 기울여 내려 긋습니다. 그다음 손에 힘을 빼고 천천히 연필을 떼어 끝이 뾰족한 느낌을 줍니다. 머리 부분을 너무 꺾어 쓰지 않도록 하고, 사선을 말아 올리지도 않습니다.

<정자체 사선>

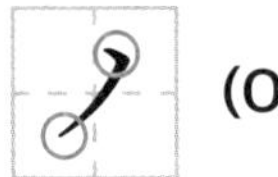

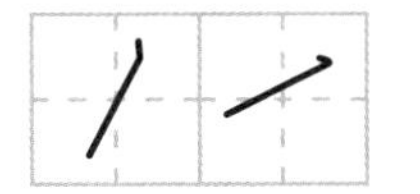

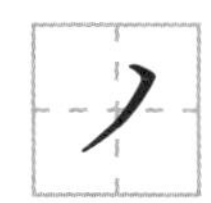

: 정자체 사선을 노트 한 칸 중앙에 길게 그어 봅니다.

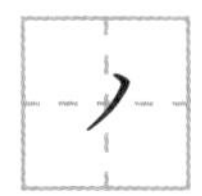

: 위의 사선의 절반 정도 길이로 그어 봅니다.

다양한 길이의 세로획을 평행하게 그어 봅니다.

정자체 쓰기 1.
모음

정자체 모음을 쓸 때는 세로획을 꺾어 쓰는 데 집중하도록 지도하세요. 가로획은 조금 꺾어 써도 되고 그대로 써도 괜찮습니다.

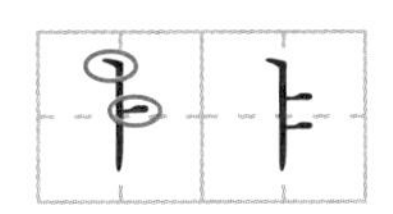

정자체 모음 ㅏ, ㅑ 쓰기는 세로획을 꺾어 쓴 뒤, 가로획을 수평으로 짧게 긋습니다. 가로획의 간격과 위치에 유의해서 쓰게 하세요.

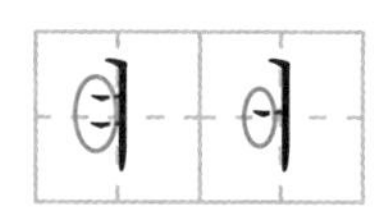

모음 ㅕ, ㅓ는 가로획을 수평으로 짧게 그은 뒤 세로획을 꺾어 씁니다. 이때 가로획을 조금 꺾어 써도 좋습니다.

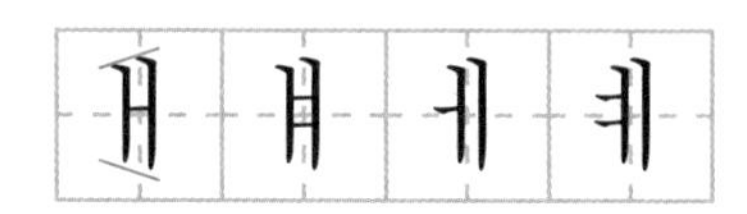

ㅐ, ㅒ, ㅔ, ㅖ는 세로획은 모두 꺾어 쓰되, 두 번째 세로획을 첫 번째보다 위아래로 조금 길게 씁니다.

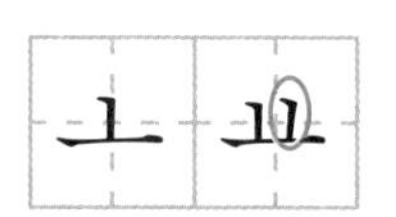

ㅗ, ㅛ는 세로획을 꺾어 쓴 뒤, 가로획을 수평으로 길게 긋습니다. ㅛ의 두 번째 세로획은 조금 길고 비스듬하게 쓰는 것을 권하지만, 수직으로 곧게 써도 괜찮습니다.

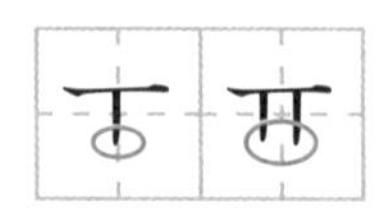

ㅜ, ㅠ는 가로획을 조금 꺾어 쓴 뒤, 세로획을 곧게 긋습니다. 세로획을 긋고 연필을 뗄 때, 천천히 떼어 끝이 뾰족한 느낌을 줍니다.

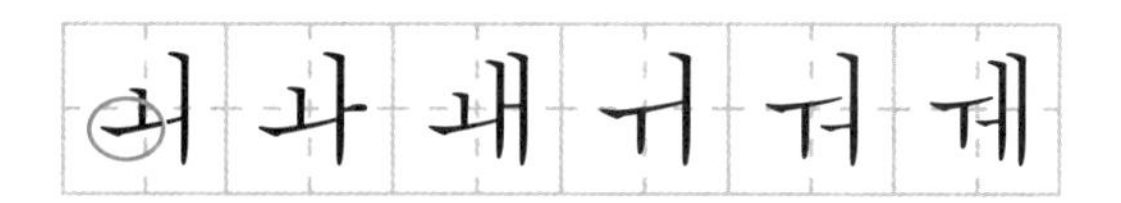

ㅚ, ㅘ, ㅙ, ㅟ, ㅝ, ㅞ는 모음 ㅗ와 ㅜ를 쓸 때, 가로획의 오른쪽 부분을 위로 조금 올려 비스듬하게 씁니다.

정자체 쓰기 2.
자음

정자체 자음도 정자체 모음처럼 세로획을 꺾어 쓰는 데 집중하도록 지도하세요. 가로획은 조금 꺾어 써도 되고 그대로 써도 괜찮습니다. ㄱ과 ㄴ을 기본형으로 삼아 다른 자음을 연습해 보세요.

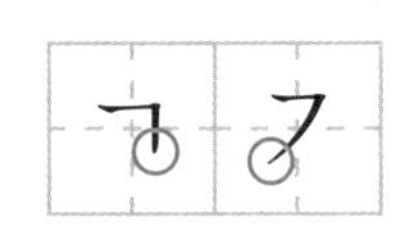

정자체 자음 ㄱ 쓰기는 가로획을 쓴 뒤, 이어서 세로획(사선)까지 긋습니다. 세로획을 뗄 때, 천천히 떼어 끝이 뾰족한 느낌을 줍니다.

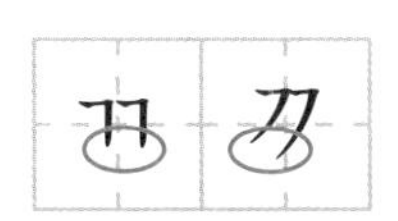

ㄲ은 같은 크기의 ㄱ을 나란히 붙여 씁니다. 각 ㄱ의 세로획을 뗄 때, 천천히 떼어 끝이 뾰족한 느낌을 줍니다.

ㄴ은 세로획을 꺾어 쓴 뒤, 이어서 가로획까지 긋습니다. 세로획을 꺾어 쓸 때 머리 끝이 조금 튀어나오는 형태입니다. 가로획은 그어서 뗄 때, 손끝에 힘이 있는 상태에서 바로 뗍니다.

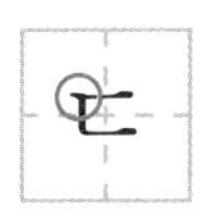

ㄷ은 가로획을 그은 뒤, 위의 방식으로 ㄴ을 씁니다. 정자체는 가로획이 왼쪽에 짧게 남기고 씁니다.

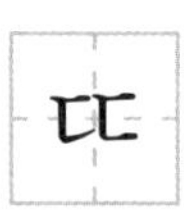

ㄸ은 같은 크기의 ㄷ을 나란히 붙여 씁니다. 각 ㄷ의 가로획을 뗄 때, 손 끝에 힘이 있는 상태에서 바로 떼야 예쁜 글씨가 완성됩니다.

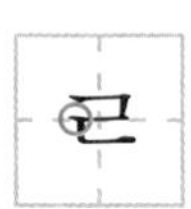

ㄹ은 ㄱ + ㅡ + ㄴ의 모양입니다. ㄱ을 쓴 뒤 가로획을 긋고, 위의 방식으로 ㄴ을 씁니다. 동그라미 친 부분을 유의해서 쓰게 하세요.

ㅁ은 ㅣ + ㄱ + ㅡ 의 모양입니다. 처음 세로획을 쓸 때, 조금 꺾어 쓴 뒤 천천히 뗍니다. 그다음 ㄱ을 쓰고 가로획을 긋습니다.

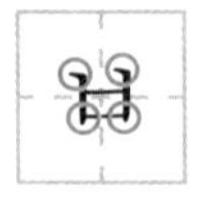

ㅂ은 ㅣ + ㅣ + ㅡ + ㅡ 의 모양입니다. 두 세로획을 간격을 벌려 평행

하게 긋습니다. 각각 조금 꺾어 쓴 뒤 천천히 뗍니다. 그다음 두 가로획을 간격을 벌려 평행하게 긋습니다.

ㅃ은 ㅂ+ㅂ의 모양으로 같은 크기의 ㅂ을 매우 가깝게 나란히 씁니다. 이때 세로획은 조금 꺾어 쓴 뒤 천천히 떼고, 가로획은 수평으로 긋습니다.

ㅅ은 왼쪽 아래로 향하는 사선을 조금 꺾어 쓴 뒤 천천히 뗍니다. 그다음 오른쪽 아래로 향하는 사선을 긋습니다.

ㅆ은 같은 크기의 ㅅ을 나란히 붙여 씁니다. 이때 첫 번째 ㅅ의 두 번째 사선을 끝까지 긋지 않고 두 번째 ㅅ 위에 얹힌 듯 쓰세요.

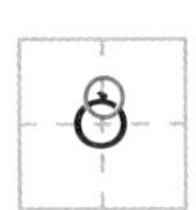

정자체 ㅇ은 보통 꼭지처럼 머리를 찍고 동그라미를 그리지만, 그냥 동그라미만 그려도 괜찮습니다.

ㅈ은 ㅡ + ㅅ 모양입니다. 가로획을 긋고, 그 끝 지점에서 왼쪽 아래로 향하는 사선을 그은 뒤 천천히 뗍니다. 그다음 오른쪽 아래로 향하는 사선을 긋습니다.

ㅉ은 같은 크기의 ㅈ을 나란히 붙여 씁니다. 이때 첫 번째 ㅈ의 두 번째 사선을 끝까지 긋지 않고 두 번째 ㅈ 위에 얹힌 듯 쓰세요.

ㅊ은 ㅡ + ㅈ의 모양으로 아주 짧은 가로획을 조금 꺾어 기울여 쓰고, 그 아래 ㅈ을 씁니다.

ㅋ은 ㄱ의 중간에 가로획을 그어 모양을 만듭니다. ㅋ의 정자체는 ㄱ의 중앙에 그은 가로획이 ㄱ보다 조금 더 길게 긋습니다.

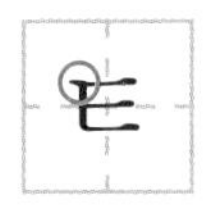

ㅌ는 ㅡ + ㅡ + ㄴ모양으로 두 가로획을 평행하게 긋고, ㄴ을 씁니다.

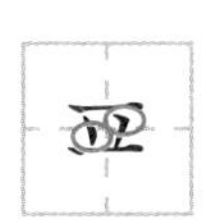

ㅍ은 ㅡ + ㅣ + ㅣ + ㅡ의 모양으로 가로획을 긋고 그 아래 두 세로획을 조금 꺾어서 평행하게 그은 뒤, 맨 아래 다시 가로획을 긋습니다. 세로획은 조금 비스듬하게 써도 되고 수직으로 곧게 써도 괜찮습니다.

ㅎ은 ㅡ + ㅡ + ㅇ의 모양으로 아주 짧은 가로획을 조금 꺾어 기울여 쓰고, 그 아래 긴 가로획을 그은 다음 동그라미를 씁니다.

정자체 글자,
모양에 따라 예쁘게 쓰기

정자체 글자의 네 가지 형태(◁, △, ◇, □)를 알아보고, 각 형태에 맞춰 글자를 연습해 봅니다.

◁ 형태의 글자

자음 오른쪽에 모음 ㅏ, ㅑ, ㅓ, ㅕ, ㅣ, ㅐ, ㅒ, ㅔ, ㅖ가 오면, 자음과 모음을 모두 길게 쓰되, 모음을 더 길게 씁니다. 예시로는 가, 갸, 너, 여, 미,

대, 재, 베, 녜가 있습니다.

자음 아래쪽과 오른쪽에 모음 ㅚ, ㅘ, ㅙ가 오면, 자음은 작게 쓰고, 모음 ㅣ, ㅏ, ㅐ는 길게 씁니다. 이때 자음과 ㅗ가 결합한 글자의 크기는 자음 한 개를 썼을 때의 크기와 비슷합니다. 예를 들어 괴, 놔, 돼가 있습니다.

자음 오른쪽에 모음 ㅏ, ㅑ, ㅓ, ㅕ, ㅣ, ㅐ, ㅒ, ㅔ, ㅖ가 오고 그 아래 받침이 오면, 자음과 모음을 모두 작게 씁니다. 이때 첫 자음과 받침은 납작하지 않게 씁니다. 그리고 받침은 자음과 모음 사이에 쓰는 것이 아니라, 모음 쪽에 가깝게 위치하도록 씁니다. 예를 들어 강, 냥, 덕, 연, 길, 뱀, 얜, 멜, 옌이 있습니다.

자음 아래쪽과 오른쪽에 모음 ㅚ, ㅘ, ㅙ, ㅟ, ㅝ, ㅞ가 오고 그 아래 받침이 오면, 자음과 모음은 모두 작게 씁니다. 받침은 ㅣ, ㅏ, ㅐ, ㅓ, ㅔ 모음 쪽에 치우쳐 위치하도록 씁니다. 예를 들어 된, 왕, 왠, 귓, 궐, 웬이 있습니다

△ 형태의 글자 연습

자음 아래쪽에 모음 ㅗ, ㅛ, ㅡ가 오면, 모음의 가로획을 좌우로 길게 씁니다. 자음은 납작하게 쓰기보다 너비와 높이를 거의 같게 씁니다. 예를 들어 뇨, 드가 있습니다.

◇ 형태의 글자 연습

자음 아래쪽에 모음 ㅜ, ㅠ가 오면, 모음의 가로획을 좌우로 길게 씁니다. 자음은 아주 조금 납작하게 쓰고 모음의 세로획을 가로획 길이 정도로 씁니다. 예를 들어 구, 규가 있습니다.

자음 아래쪽에 모음 ㅗ, ㅛ, ㅜ, ㅠ, ㅡ가 오고 그 아래 받침이 오면, 모음의 가로획을 좌우로 길게 씁니다. 그리고 이 가로획을 중심으로 위의 자음은 조금 납작하게 쓰고, 아래 받침은 너비와 높이를 거의 같게 씁니다. 예를 들어 공, 곤, 눈, 귤, 융이 있습니다.

□의 형태의 글자 연습

자음 아래쪽과 오른쪽에 모음 ㅟ, ㅝ, ㅞ가 오면, 자음은 작게 쓰고, 모음 ㅣ, ㅓ, ㅔ는 길게 씁니다. 모음 ㅜ의 세로획도 길쭉한 느낌으로 씁니다. 예를 들어 위, 워, 웨가 있습니다.

자음 오른쪽에 모음 ㅏ, ㅑ, ㅓ, ㅕ, ㅣ, ㅐ, ㅒ, ㅔ, ㅖ가 오고 그 아래 쌍자음 받침이 오면, 쌍자음 받침을 넉넉하게 씁니다. 예를 들어 갔, 겪, 넜, 였, 엮, 갰, 벴이 있습니다.

자음 아래쪽에 모음 ㅗ, ㅛ, ㅜ, ㅠ, ㅡ가 오고 그 아래 쌍자음 받침이 오면, 쌍자음 받침을 넉넉하게 씁니다. 예를 들어 묶이 있습니다.

자음 오른쪽에 모음 ㅏ, ㅓ, ㅣ가 오고 그 아래 겹자음 받침이 오면, 겹자음 받침을 넉넉하게 씁니다. 예를 들어 삶, 닭, 여덟, 값이 있습니다.

자음 아래쪽에 모음 ㅗ, ㅜ, ㅡ가 오고 그 아래 쌍자음 받침이 오면, 쌍자음 받침의 너비를 전체 너비만큼 되도록 씁니다. 예를 들어 묷, 읊, 옮이 있습니다.

예쁜 글씨에 숫자도 포함된다

숫자와 알파벳은 획이 연결된 느낌으로 씁니다. 한 가지 모양을 익히면 거의 모든 경우에 적용할 수 있으므로 기본에 충실하여 연습합니다.

먼저 숫자는 곧게 쓰는 방법부터 익혀 봅니다. 원이나 둥근 부분이 포함된 경우, 1대 1의 비율에 주의하며 아이와 연습해 봅니다.

<숫자 1, 1획>

숫자 1은 위에서 아래로 곧게 긋습니다. 한 획으로 힘차게 내려갑니다.

<숫자 2, 1획>

숫자 2는 반원을 그린 뒤, 그대로 연결하여 왼쪽 아래로 향하는 사선을 긋고, 잠시 멈추었다가 가로선을 긋습니다. 가로선의 너비는 반원의 너비와 같습니다. 2획이 아닌 1획으로 한번에 합니다.

<숫자 3, 1획>

3은 4분의 3 정도 원을 그린 뒤, 끝점에서 다시 4분의 3의 원을 그립니다. 두 원의 크기를 같게 합니다. 중간에 끊어지지 않도록 유의하세요.

<숫자 4, 2획>

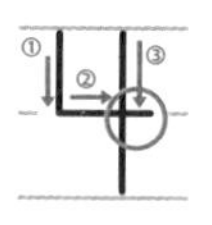

4는 ㄴ처럼 세로선과 가로선을 연결하여 그은 뒤, 긴 세로선을 긋습니다. 이때 긴 세로선은 앞서 그은 가로선에 겹쳐지게 합니다.

<숫자 5, 2획>

5는 세로선을 그은 뒤, 그 끝점에서 4분의 3의 원을 그리고, 맨 위에 세로선의 출발점과 만나는 가로선을 긋습니다. 이때 가로선과 원의 너비를 같게 합니다.

<숫자 6, 1획>

6은 왼쪽 아래로 향하는 사선을 그은 뒤, 전체 높이의 2분의 1이 되는 지점에서 원을 그립니다.

<숫자 7, 1획>

7은 가로선을 그은 뒤 이어서 왼쪽 아래로 향하는 사선을 긋습니다. 내려가는 사선은 가로선의 2배로 시원하게 씁니다.

<숫자 8, 1획>

8은 모양과 크기가 똑같은 원을 연결하여 세로로 이어지게 그립니다. 원을 그리는 방향은 편한 대로 합니다. 숫자 8자는 아이들이 가장 그리기 어려워하니 잘 익힐 수 있게 연습을 많이 합니다.

<숫자 9, 1획>

9는 전체 높이의 절반 정도의 크기로 3/4 원을 그린 뒤 아래로 향하는 수직선을 긋습니다. 이때 원과 수직선 사이에 뚫린 부분이 없게 합니다.

<숫자 0, 1획>

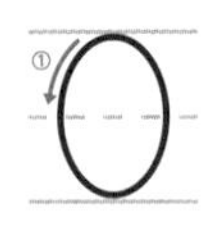

0은 원을 그립니다. 완전히 둥근 원이나 타원으로 그려도 좋습니다. 원을 그리는 방향은 편한 대로 합니다.

잘 쓰면 금상첨화인 알파벳

영어 알파벳은 대문자와 소문자를 동시에 익혀 봅니다. 소문자는 대체로 대문자의 절반 크기이므로 둘이 같이 연습해야 크기를 가늠할 수 있습니다. 영어 알파벳을 쓸 때는, 선을 모두 연결하는 듯한 느낌으로 쓰세요. 서너 줄이 그어진 영어 공책에 연습합니다.

<알파벳 A, 3획 / a, 2획>

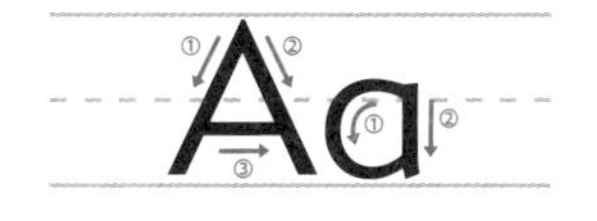

대문자 A는 두 사선의 각을 적당히 벌리고, 가로선을 전체 높이의 3분

의 1 정도 되는 지점에서 긋습니다. 소문자 a는 원을 그리듯 그리되, 마지막에 내려오는 끝부분을 조금 말아서 위로 올려 줍니다.

<알파벳 B, 3획 / b, 2획>

대문자 B는 세로선을 먼저 그은 뒤, 반원 두 개가 세로로 이어진 것처럼 씁니다. 소문자 b는 세로선을 길게 쓰고 그 2분의 1 지점에 반원 1개를 그리듯 씁니다.

<알파벳 C, 1획 / c, 1획>

대문자 C는 4분의 3 정도의 원 모양으로 씁니다. 소문자 c는 그와 같은 모양으로 작게 씁니다.

<알파벳 D, 2획 / d, 2획>

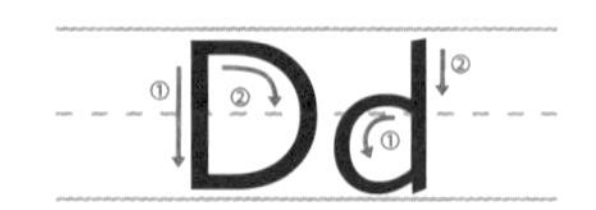

대문자 D는 세로선을 그은 뒤, 세로선의 시작점에서 가로선을 짧게 그은 후 그 끝에서 반원을 그려 씁니다. 소문자 d는 4분의 3 원을 그린 뒤, 수직선을 위로 곧게 올려 그었다가 그 선 그대로 내립니다.

<알파벳 E, 4획 / e, 2획>

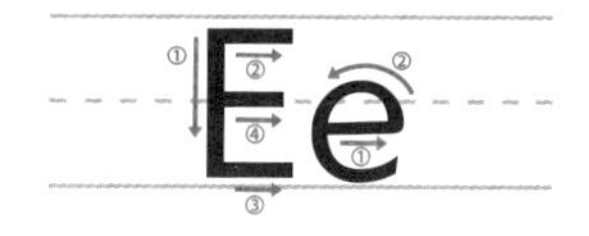

대문자 E는 세로선을 그은 뒤, 가로선 세 개를 긋습니다. 맨 위 가로선을 가장 먼저 긋고, 맨 아래 가로선을 그은 뒤, 중간의 가로선을 마지막에 긋습니다. 각 가로선의 간격을 똑같게 합니다. 소문자 e는 뚫린 부분이 없게 씁니다.

<알파벳 F, 3획 / f, 2획>

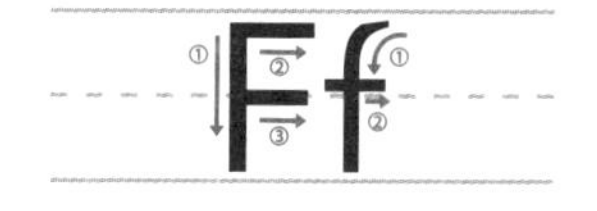

대문자 F는 중간의 가로선을 세로선의 2분의 1 지점에서 긋되 맨 위의 가로선보다 짧게 긋습니다. 소문자 f는 가로선을 세로선과 교차되게 씁니다. 이때 가로선은 전체 높이의 2분의 1 지점에서 긋습니다.

<알파벳 G, 2획 / g, 2획>

대문자 G는 좀 더 구부러진 반원을 그린 뒤, 그 사이에 짧은 가로선을 긋고 세로선을 짧게 내려 줍니다. 소문자 g는 숫자 9를 쓰는 것과 같은 방식으로 쓰되 선의 끝부분을 감아서 위로 올려 씁니다. g의 아랫부분은 기본 줄보다 아래 있습니다.

<알파벳 H, 3획 / h, 2획>

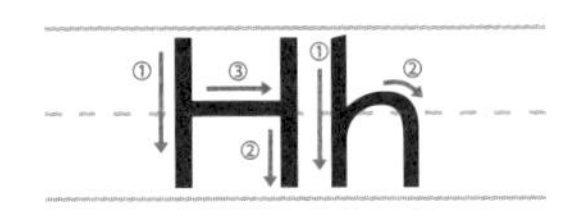

대문자 H는 세로선 두 줄을 평행하게 그은 뒤, 그 중간 지점에 가로선을 긋습니다. 소문자 h는 세로선을 그은 뒤, 그대로 위로 올려 아치 모양의 선을 그립니다. 전체 높이의 1/2 정도로 아치를 그려 주세요.

<알파벳 I, 3획 / i, 2획>

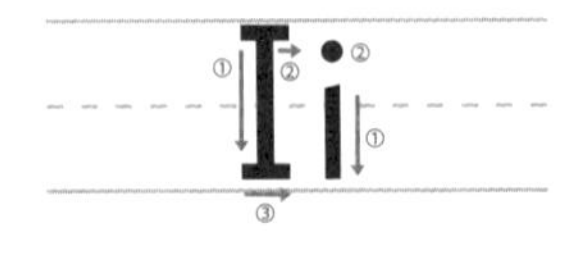

대문자 I는 세로선을 그은 뒤, 맨 위와 아래의 양 끝점을 지나는 가로선을 아주 짧게 그어 줍니다. 소문자 i는 세로선을 줄의 절반 정도의 길이로 긋고 그 위에 점을 찍어 줍니다.

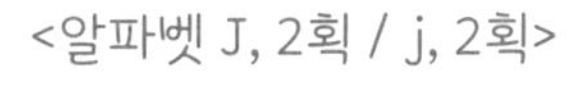

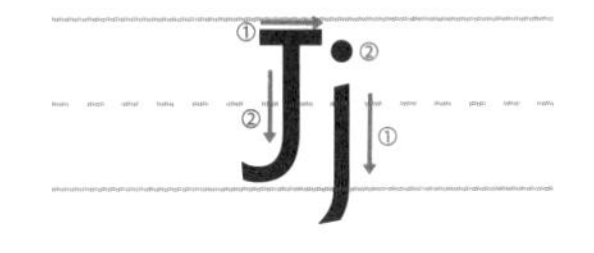

대문자 J는 세로선을 우산 손잡이 모양으로 그어 줍니다. 이때 여기에 더하여 맨 위 끝 점을 지나는 짧은 가로선을 긋습니다. 소문자 j는 우산 손잡이 모양을 아래로 2분의 1 정도 내려 씁니다. 그래서 아랫부분이 공책의 기본 줄 밖으로 나와 있습니다. 그런 뒤 맨 위에 점을 찍어 줍니다.

<알파벳 K, 3획 / k, 3획>

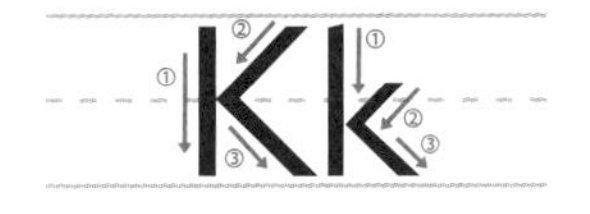

대문자 K는 세로선을 그은 뒤, 중간 지점에서 오른쪽 위로 향하는 사선과 오른쪽 아래로 향하는 사선을 그어 줍니다. 소문자 k는 두 사선을 세로선의 3분의 1 지점에서 긋습니다. 사선의 높이는 전체 2분의 1을 넘지 않도록 합니다.

<알파벳 L, 2획 / l, 1획>

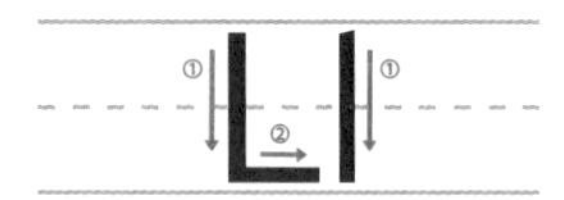

대문자 L은 세로선을 그은 뒤 연결하여 가로선을 긋습니다. 이때 가로선을 짧게 그어 주세요. 소문자 l은 세로선으로 씁니다.

<알파벳 M, 4획 / m, 3획>

대문자 M은 세로선을 평행하게 그은 뒤, 맨 위 점을 연결하는 V를 씁니다. 이때 V의 각 진 부분이 공책 중간 줄의 바닥에 닿거나 그보다 좀 더 위에 씁니다. 소문자 m은 세로선을 그은 뒤 아치 모양의 선을 두 개 긋습니다. 이때 세로선이 아치 모양의 선보다 위로 조금 삐죽 나오게 씁니다.

<알파벳 N, 3획 / n, 2획>

대문자 N은 두 세로획을 평행하게 그은 뒤 첫 번째 세로선의 시작점과

두 번째 세로선의 끝점을 이어 씁니다. 소문자 n은 전체 2분의 1 정도로 세로선을 그은 뒤 아치 모양의 선을 한 줄 긋습니다. 이때도 세로선이 위로 조금 삐죽 나오게 씁니다.

<알파벳 O, 1획 / o, 1획>

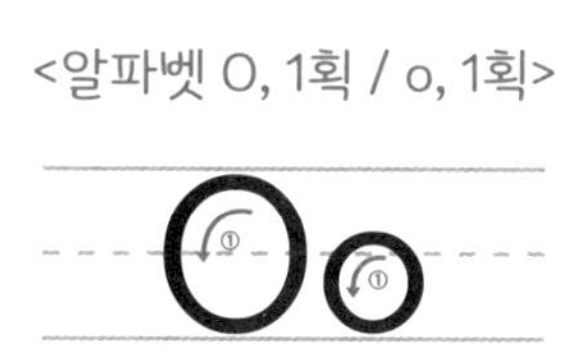

대문자 O는 원을 크게 그립니다. 소문자 o는 그 절반 크기로 그립니다.

<알파벳 P, 2획 / p, 2획>

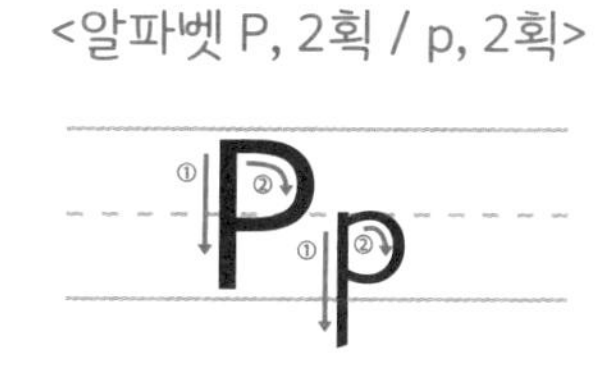

대문자 P는 세로선을 그은 뒤 위의 위 부분의 절반 정도를 차지하는 조금 튀어나온 반원을 그립니다. 소문자 p는 대문자 P를 전체 2분의 1 되는 지점에 내려서 씁니다. 이때 동그라미 부분은 대문자보다 작게 씁니다.

<알파벳 Q, 2획 / q, 2획>

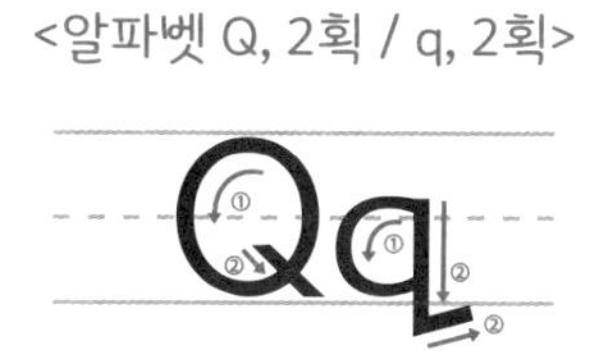

대문자 Q는 원을 그리고 오른쪽 아랫부분에 밖으로 삐져나온 짧은 사선을 그어 줍니다. 소문자 q는 9와 같이 쓰되, 세로선의 끝부분을 밖으로 돌려 감아 올려 줍니다. q는 전체 2분의 1 되는 지점에 내려서 쓰다 보니, 아랫부분은 공책의 기본 줄보다 아래 있습니다.

<알파벳 R, 3획 / r, 2획>

대문자 R은 세로선을 그은 뒤, 절반 정도의 크기로 튀어나온 반원을 그리고 그 아래에 이어서 오른쪽 아래로 향하는 사선을 그어 줍니다. 이때 사선 끝을 위로 조금 말아 올린 듯 써 주세요. 소문자 r은 전체의 2분의 1 정도 되는 길이의 세로선을 그은 뒤, 그 끝에서 선을 그대로 위로 올려 오른쪽으로 조금 말린 듯 씁니다.

<알파벳 S, 1획 / s, 1획>

대문자 S는 왼쪽으로 구부러진 곡선을 그은 뒤 사선으로 내려 오른쪽으로 구부러진 곡선을 긋습니다. 소문자 s는 대문자 S의 절반 크기로 씁니다.

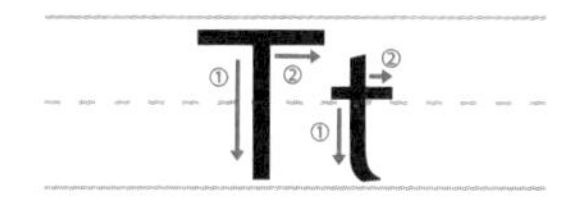

대문자 T는 세로선을 그은 뒤, 맨 위의 점을 지나는 가로선을 그어 씁니다. 이때 가로선은 세로선의 3분의 2 정도가 되게 씁니다. 소문자 t는 세로선을 전체 높이의 절반 정도 길이로 그은 뒤, 세로선의 윗부분을 교차하여 지나는 가로선을 짧게 그어 줍니다. 이때 세로선의 윗부분이 삐죽 나오게 합니다.

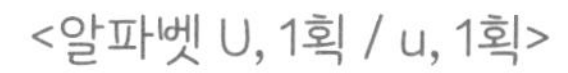

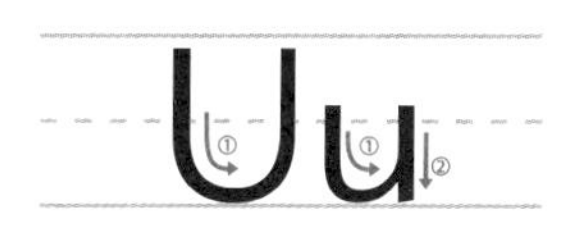

대문자 U는 바닥 부분을 둥글게 씁니다. 소문자 u는 대문자 U의 절반 크기 정도로 씁니다.

<알파벳 U, 1획 / u, 1획>

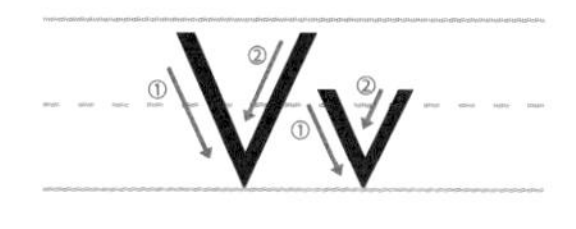

대문자 V는 바닥 부분을 뾰족하게 씁니다. 소문자 v는 대문자 V를 절반 크기 정도로 씁니다.

<알파벳 W, 4획 / w, 4획>

대문자 W는 V를 두 개 이어서 쓴 것처럼 씁니다. 소문자 w는 대문자 W를 절반 정도 크기로 씁니다.

<알파벳 X, 2획 / x, 2획>

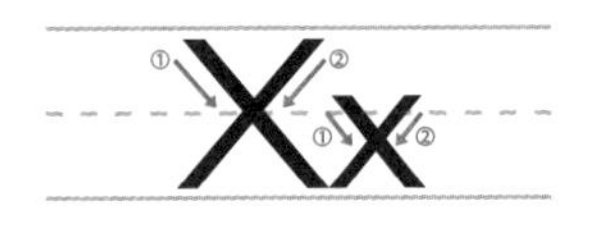

대문자 X는 방향이 다른 두 사선을 가운데 점에서 교차하여 씁니다. 소문자 x는 대문자 X를 절반 크기 정도로 씁니다.

<알파벳 Y, 3획 / y, 2획>

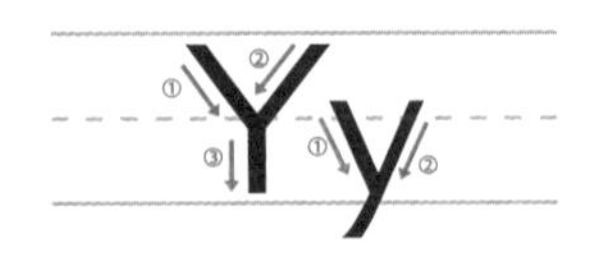

대문자 Y는 V를 작게 쓴 뒤, 각이 진 점에서 세로선을 수직으로 그어 씁니다. 소문자 y는 오른쪽 아래로 향하는 사선을 짧게 그은 뒤, 같은 높이에서 시작하는 사선을 오른쪽 위에서 왼쪽 아래 방향으로 그어 줍니다. 이때 긴 사선의 끝 부분을 조금 말아 올립니다.

<알파벳 Z, 3획 / z, 3획>

대문자 Z는 가로선을 그은 뒤 그 끝점에서 왼쪽 아래로 향하는 사선을 긋고, 다시 이어서 첫 번째 가로선과 같은 길이와 방향의 가로선을 긋습니다. 소문자 z는 대문자 Z의 절반 크기 정도로 씁니다.

3장

손 글씨로 공부 체력까지 길러주세요

세로획이 중요한 받침 없는 단어

받침 글자가 없는 낱말을 쓸 때는 자음과 모음을 대체로 크고 길게 씁니다. 아이가 각 글자의 크기와 높이를 일정하게 맞추고 글자와 글자 사이의 간격이 너무 좁거나 벌어지지 않게 쓰도록 지도합니다. 글자를 쓰기 전에 각 글자의 크기와 모양, 간격 등을 먼저 확인하도록 합니다. 앞서 연습한 것을 기억하며 아이와 받침 글자가 없는 낱말을 연습해 보세요.

받침 글자 없는 낱말 연습

받침이 없는 두 글자 낱말이 각각 어떤 글자 형태로 이루어졌는지 확인하며 다음 낱말을 연습해 봅니다.

<받침 없는 두 글자 낱말 예시>

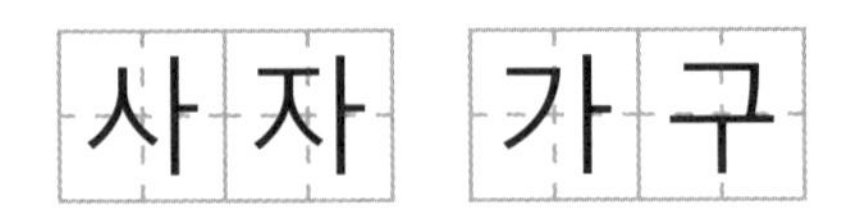

낱말 '사자'는 자음 ㅅ와 ㅈ의 크기를 맞추고 ㅏ의 길이를 맞춰 쓰세요. 낱말 "가구'는 '가'의 ㄱ과 '구'의 ㄱ의 모양이 다름에 유의하세요.

다음은 받침이 없는 세 글자 낱말이 각각 어떤 글자 형태로 이루어졌는지 확인하며 다음 낱말을 연습해 봅니다.

<받침 없는 세 글자 낱말 예시>

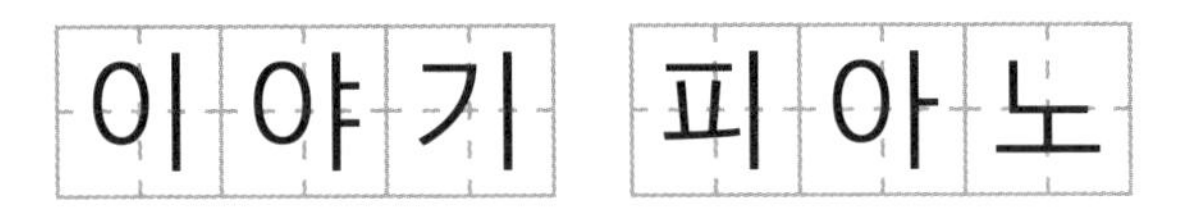

낱말 '이야기'의 각 글자와 높이의 크기를 맞춰 쓰세요. 낱말 '피아노'의 '노'를 작게 쓰지 않도록 주의하세요.

이번에는 받침이 없는 네 글자 낱말이 각각 어떤 글자 형태로 이루어졌는지 확인하며 다음 낱말을 연습해 봅니다.

<받침 없는 네 글자 낱말 예시>

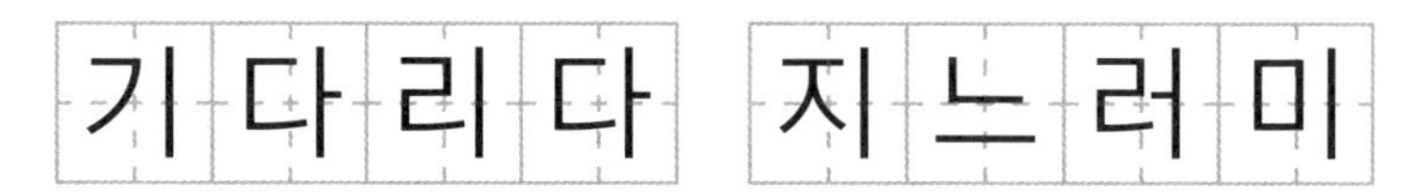

낱말 '기다리다'의 각 글자의 자음의 크기를 같게, 모음의 길이를 같게 쓰세요. 낱말 '지느러미'의 '느'가 작아지지 않게 다른 글자와 높이를 맞추어 쓰세요.

'느'가 작아지지 않게 다른 글자와 높이를 맞추어 쓰세요

다음 '실전! 엄마표 글씨체 연습'에서 더 연습해 봅니다.

실전! 엄마표 글씨체 연습

1. 두 글자 낱말 쓰기

하마 : ㅁ을 쓸 때, ㅎ의 맨 위 짧은 획보다 조금 아래쪽에 쓰세요.

크기 : ㅋ은 ㄱ보다 크게 쓰세요. ㅋ의 너비를 '기'에 맞춰 그보다 조금 만 줄여 쓰세요.

우유 : 두 글자를 같은 모양과 크기로 쓰세요.

타조 : '조'가 '타'보다 크지 않게 쓰세요. '조'의 ㅗ가 '타'의 ㅏ보다 조금 위에 위치하게 쓰세요.

여우 : '우'의 ㅇ은 '여'의 ㅇ 높이에 맞추고, '우'의 ㅜ는 '여'의 ㅕ 세로 획의 끝점에 맞춰 쓰세요.

모래 : '래'의 ㄹ의 높이는 '모'의 ㅁ에 맞추고, ㅐ는 '모'보다 조금 길게 쓰세요.

어제 : '제'의 크기를 '어'에 맞춰야 하기 때문에 '제'의 자음과 모음 사이의 간격을 조금 좁게 쓰세요.

뿌리 : ㅃ의 너비를 '리'에 맞춰 쓰세요.

: '빠'의 너비를 '오'에 맞추기 위해 '빠'의 자음과 모음 사이의 간격을 좁혀 쓰세요. '빠'의 ㅏ는 '오'의 높이보다 조금만 길게 쓰세요.

: 두 글자의 전체 크기와 높이를 맞춰 쓰세요.

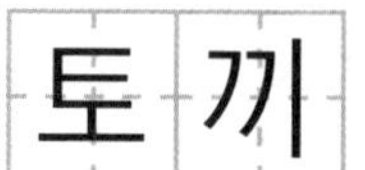

: '끼'의 ㅣ는 '토'의 높이보다 조금만 길게 쓰세요.

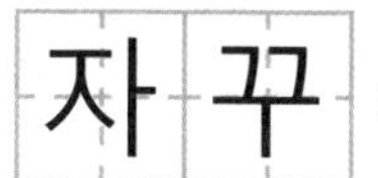

: '꾸'를 너무 크게 쓰지 않도록 주의하세요.

: '과'의 '고'는 '사'의 ㅅ의 크기 및 높이에 맞춰 쓰세요.

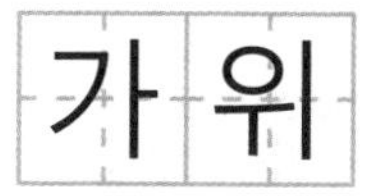

: '위'의 '우'는 '가'의 ㄱ보다 위아래로 조금 길게 쓰세요.

: '화'의 '호'는 '가'의 ㄱ보다 조금 길게 쓰지만, ㅏ보다는 짧게 쓰세요.

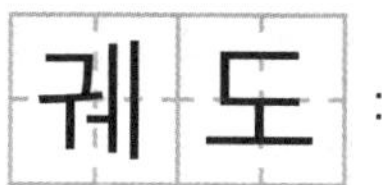

: '도'를 작게 쓰지 않도록 주의하세요. '도'의 너비는 '궤'의 전체 너비에 맞추고, 높이는 '궤'의 '구'에 맞춰 쓰세요.

: '후'의 ㅎ은 넓적하게 쓰고, '회'의 ㅎ은 작고 동그랗게 쓰세요.

2. 세 글자 낱말 쓰기

고 구 마 : '고'의 ㄱ과 '구'의 ㄱ의 모양과 크기가 다름에 주의하세요. '구'의 ㄱ을 더 납작하게 쓰세요.

요 리 사 : '리'와 '사'를 쓸 때 '요'보다 작게 쓰지 않도록 주의하세요.

카 메 라 : '메'를 넓적하게 쓰게 주의하고 '카'나 '라'의 너비에 맞춰 쓰세요.

개 구 리 : '개'의 ㄱ과 '구'의 ㄱ모양과 크기가 다름에 주의하세요.

고 마 워 : '워'의 '우'는 '고'의 높이 정도의 길이로 쓰세요.

코 끼 리 : '끼'를 넓적하게 쓰지 않도록 주의하세요.

꾸 미 기 : '미'와 '기'가 '꾸'보다 작아지지 않도록 주의하세요. '미'의 ㅁ과 '기'의 ㄱ을 크고 길게 쓰세요.

꽈 배 기 : '꽈'와 '배'를 넓적하게 쓰지 않도록 주의하세요.

위 아 래 : '위'의 ㅇ과 '아'의 ㅇ의 크기 차이에 주의하세요.

3. 네 글자 낱말 쓰기

두	드	리	다

: '드'가 작아지지 않게 다른 글자와 높이를 맞추어 쓰세요.

아	프	리	카

: '리'는 작거나 좁아지지 않게 쓰세요.

가	까	스	로

: '까'를 넓적하게 쓰지 않고, '스'를 작아지게 쓰지 않도록 하세요.

해	바	라	기

: '해'를 너무 크지 않게 쓰세요. '해'의 자음과 모음 사이의 간격을 좁히세요.

지	저	귀	다

: 각 글자의 모음의 길이를 같게 하고, '귀'의 '구'는 각 글자의 자음보다 조금 길게 쓰세요.

귀	뚜	라	미

: '라'와 '미'가 작아지지 않게 쓰세요.

가로획에 힘을 쓴 받침 있는 단어

낱말에 받침 글자가 섞여 있으면, 아이가 받침이 없는 글자와 받침이 있는 글자의 크기를 일정하게 맞추는 것에 유의하도록 해야 합니다. 받침이 없는 글자는 자음과 모음을 조금 크게 쓰도록 하고, 받침이 있는 글자는 자음과 모음을 조금 작게 쓰도록 지도합니다. 특히 받침을 크게 써서 글자의 높이가 늘어나지 않게 주의하도록 합니다.

받침 글자가 섞인 낱말 연습

먼저 받침 글자가 섞인 두 글자 낱말이 각각 어떤 모양과 크기인지 확인하고, 글자 사이의 조화와 균형에 유의하여 직접 써 봅니다.

<받침 글자가 섞인 두 글자 낱말 예시>

낱말 '가방'의 '방'이 커지거나 넓적하지 않게 쓰세요. 낱말 '사슴'의 '사'의 ㅅ과 '슴'의 크기와 모양의 차이에 주의하세요.

그 다음 받침 글자가 섞인 세 글자 낱말이 각각 어떤 모양과 크기인지 확인해 봅니다. 글자와 글자 사이의 조화와 균형에 유의하여 직접 써 봅니다.

<받침 글자가 섞인 세 글자 낱말 예시>

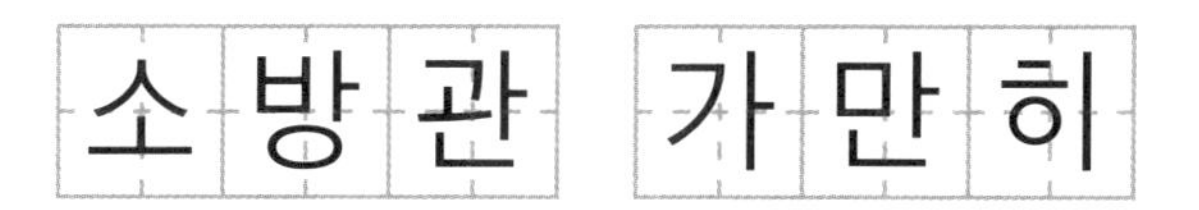

낱말 '소방관'의 각 글자의 자음의 크기에 주의하여 쓰세요. '소'의 ㅅ이 가장 크고, '방'의 ㅂ은 그보다 조금 작고, '관'의 ㄱ은 제일 작아요. 낱말 '가만히'의 '만'이 커지지 않게 쓰세요. 받침 글자가 섞인 네 글자 낱말이 각각 어떤 모양과 크기인지 확인하며 직접 써 봅니다.

<받침 글자가 섞인 네 글자 낱말 예시>

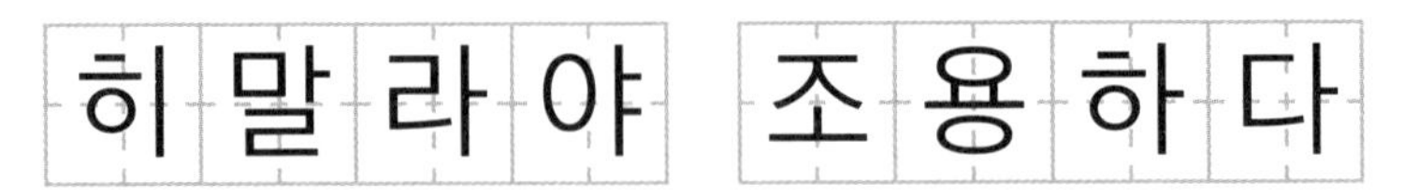

낱말 '히말라야'의 '말'의 ㅁ과 ㄹ의 크기에 주의하세요. 옆의 글자들의 자음보다 작게 써 전체 글자 크기와 높이를 일정하게 맞춰 쓰세요. 낱말 '조용하다'의 '용'의 모양에 주의하세요. '용'의 ㅛ는 '조'의 ㅗ와 너비는 같으나 높이는 좀 더 납작하게 쓰세요.

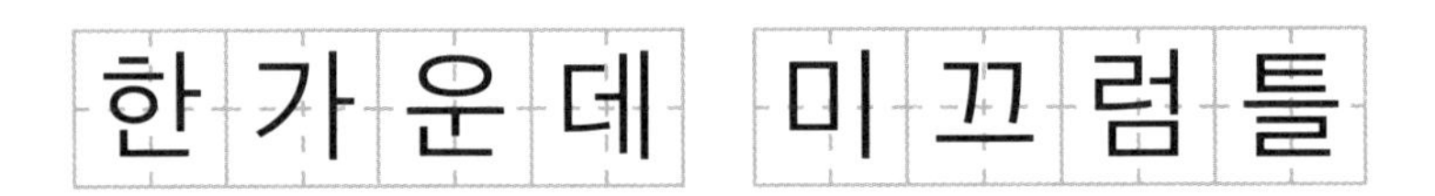

낱말 '한가운데'의 '한'의 자음과 모음을 작게 써서 전체 글자가 커지지 않게 하세요. '한'의 전체 크기에 맞춰 나머지 글자를 쓰세요. 낱말 '미끄럼틀'에서 처음 '미'는 적당히 크게 써서 뒤의 글자들과 크기를 맞출 수 있도록 하세요. '럼'과 '틀'은 크기가 커지지 않도록 주의하세요. 특히 '틀'에서 ㅌ와 ㄹ을 납작하게 쓰세요.

다음 251쪽에서 실제 받침이 섞인 두 글자, 세 글자, 네 글자 낱말에 대해 더 연습해 보세요.

실전! 엄마표 바른 글씨체 지도법

1. 두 글자 낱말 쓰기

감기	: '감'의 ㄱ과 '기'의 ㄱ의 크기 차이에 주의하여 쓰세요.
낙타	: '낙'을 너무 크지 않게 쓰고, '타'를 '낙'의 크기 및 높이에 맞추어 쓰세요.
참새	: '참'을 넓적하게 쓰지 않도록 하세요,
겨울	: '울'이 늘어지지 않게 쓰세요.
여름	: '름'의 높이를 '여'에 잘 맞춰 쓰세요.
고향	: '향'이 커지지 않게 쓰세요. '고'의 높이와 크기보다 조금만 더 길게 쓰세요.
학교	: '학'의 받침 ㄱ은 '교'의 ㄱ보다 좀 더 납작하게 쓰세요. '학'의 크기나 높이를 '교'에 맞춰야 하므로 '학'을 이루는 각 자음과 모음의 간격을 좁혀 주세요.
단풍	: '풍'이 커지거나 길어지지 않게 쓰세요.

연필 : '필'의 ㅍ은 '연'의 ㅇ보다 조금 작게 쓰고, ㄹ은 '연'의 ㄴ보다 조금 크게 쓰세요. 두 글자의 전체적인 크기와 높이는 같게 쓰세요.

관심 : '관'의 '고'의 높이가 '심'의 ㅅ의 높이와 거의 같게 쓰세요.

눈썹 : '썹'이 커지거나 넓적하지 않게 쓰세요. '썹'의 자음과 모음 사이의 간격을 좁게 쓰세요.

공책 : '책'을 '공'의 크기에 맞게 쓰기 위해 자음과 모음의 간격을 좁혀 쓰세요.

2. 세 글자 낱말 쓰기

선풍기 : '풍'은 커지지 않게, '기'는 작아지지 않게 쓰세요. '선'의 크기와 높이에 맞춰 나머지 글자들을 쓰세요.

호랑이 : '랑'이 크거나 위아래로 길어지지 않게 쓰세요.

조금씩 : '금'과 '씩'이 커지지 않게 쓰세요. 특히 '씩'은 자음과 모음의 간격을 좁혀 쓰세요.

냉장고 : '고'가 작아지지 않게 쓰세요.

: '두'가 작아지지 않게 쓰세요. '백'의 자음과 모음의 간격은 조금 좁혀 쓰세요.

: '라'가 작아지지 않게 쓰세요. '한'의 ㅎ과 '산'의 ㅅ의 크기를 거의 같게 맞춰 쓰세요.

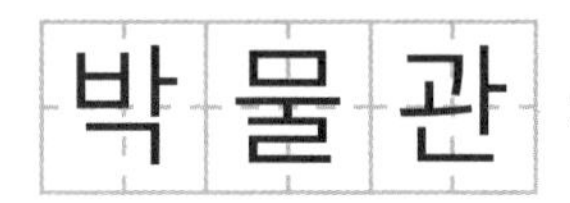

: '일'과 '락'이 커지지 않게 쓰세요. '일'의 ㄹ과 '락'의 ㄱ의 크기를 거의 같게 해 주세요.

박물관 : 각 글자의 첫 자음과 받침의 위치를 확인하고 쓰세요. 위치가 똑같지 않고 '물'을 기준으로 비교해 보면, '박'은 두 자음이 자리를 좀 더 차지하고, '관'은 덜 차지해요.

3. 네 글자 낱말 쓰기

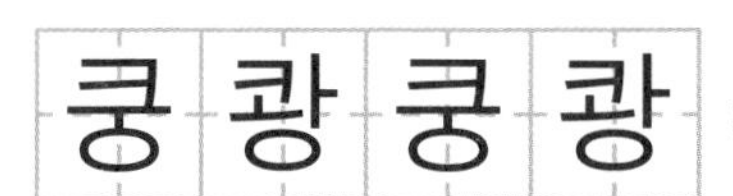

: ㅋ의 크기와 모양의 차이에 주의하세요. '쿵'의 ㅋ은 크고 납작하게, '쾅'의 ㅋ은 작고 네모나게 쓰세요.

: '황'의 ㅎ과 '하'의 ㅎ의 크기 차이에 주의하세요. '황'은 커지지 않게 쓰세요. '다'는 작아지지 않게 쓰세요.

: '기'는 작아지지 않게, '술'은 늘어지지 않게, '래'와 '잡'은 넓적하지 않게 쓰세요.

: '자'와 '지'가 작아지지 않게 쓰세요. '왁'의 '오'와 '껄'의 ㄲ의 크기를 거의 같게 쓰세요. 두 글자의 받침도 거의 비슷한 크기로 쓰세요.

띄어쓰기까지 해야
완성되는 바른 글씨

글씨 쓰기에서 아이들이 마지막으로 가장 힘들어하고 잘 쓰지 못하는 부분은 줄에 맞춰 쓰고 띄어쓰기를 적절히 조절하는 것입니다. 이는 주의를 집중하며 아주 많은 연습을 해야 합니다. 글자를 쓸 때 앞의 글자와의 간격과 크기에 맞춰 쓰도록 지도합니다. 받침이 있는 글자는 커지지 않게 유의하고 받침이 없는 글자는 작아지지 않게 주의하도록 합니다.

줄 맞추기 연습

구나 문장을 쓸 때 줄을 맞춰 쓴다는 건, 밑 선에 맞춰 쓴다는 뜻입니다. 밑 선에 맞추지 않고 들쭉날쭉 글씨를 쓰면 아무리 바르게 써도 예쁘게 보이지 않습니다. 아이와 줄에 맞춰 쓰는 연습을 해 봅니다.

<밑 선에 맞춰 쓴 예시>

그 목표를 포기하지 않고 노력을 해야

글자를 일정한 간격과 높이로 쓸 수 있게 하는 연습을 하려면 다음과 같은 연습이 필요합니다. 줄 공책을 준비하고 다음과 같이 가운데 점을 한 줄로 찍어 봅니다. 글자가 점의 중앙에 오게 쓸 것이라고 알려주세요.

<가운데 점 찍기>

그리고 가운데 점선을 그려 봅니다. 그런 다음 다음과 같이 가운데 줄에 맞춰 '가나다'를 써 봅니다.

<가운데 줄 맞춰 쓰기>

가 갸 거 겨 고 교 구 규 그 기

띄어쓰기 연습

문장의 뜻을 정확히 전달하기 위해서는 글자를 바르게 쓸 뿐만 아니라 띄어쓰기도 바르게 해야 합니다. 우리 한글은 낱말과 낱말 사이를 띄어 쓰는 것이 원칙입니다. 띄어쓰기를 할 때 너무 좁거나 너무 넓게 띄어 쓰지 않습니다. 올바르게 띄어쓴 모양은 글자 크기의 3분의 2에서 2분의 1 정도로 띄어 쓰는 것입니다. 칸 공책으로 연습할 경우 한 칸을 다 띄어 씁니다.

학교 가는 날 (X : 너무 좁습니다.)

학교 가는 날 (X : 너무 넓습니다.)

학교 가는 날 (O)

글자가 어떤 모양으로 들어가고 띄어지는지 연습하기 위해 다음과 같이 원을 2개, 3개씩 짝지어 그립니다. 그리고 한 간격으로 적절히 띄어 그려 봅니다.

<원 띄어 그리기>

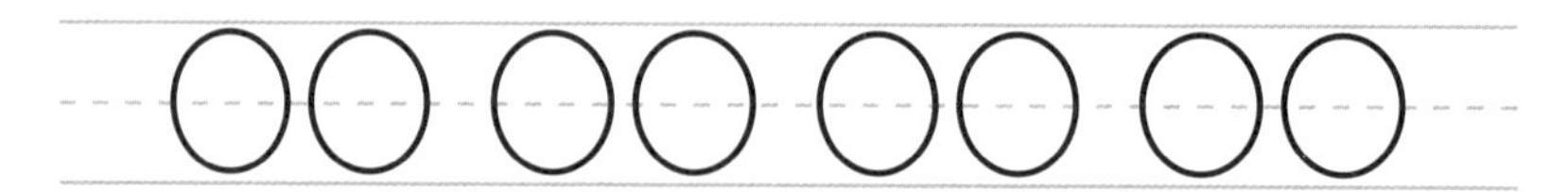

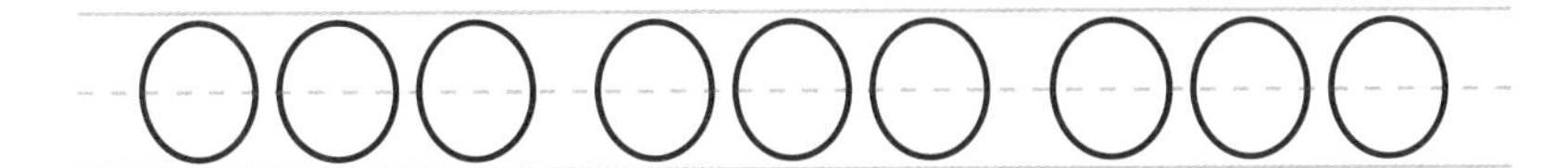

이제 글자를 넣어 연습합니다. 다음과 같이 '가나다'를 두 자, 세 자씩 짝지어 적절히 띄어써 봅니다.

<가나다 띄어쓰기>

가나 다라마 바사 아자차

뒷쪽에서 낱말의 조화와 균형, 띄어쓰기 등에 유의하며 실제 두 낱말, 세 낱말, 네 낱말, 다섯 낱말로 이루어진 구나 문장을 직접 쓰며 연습해 봅니다.

실전! 엄마표 글씨체 연습

1. 두 낱말 구·문장 쓰기

심심할 때

: '할'은 커지지 않게, '때'는 작아지지 않게 쓰세요.

맑은 하늘

: '맑'은 너무 크지 않게, '늘'은 위아래로 늘어지지 않게 쓰세요.

맛있는 음식

: '맛', '있', '식'의 형태와 크기를 같게, '는', '음'의 형태와 크기를 같게 쓰세요.

낚시를 해요.

: '낚'은 너무 크지 않게, '를'은 위아래로 늘어지지 않게 쓰세요.

모자를 썼다.

: '를'은 늘어지지 않게, '썼'은 커지지 않게 쓰세요.

듣지 않았다.

: '지'가 작아지지 않게 쓰세요. '않았다'의 맞춤법에 유의하세요.

돌잔치를 했어요.

: '돌', '를'은 늘어지지 않게, '치', '어'는 작아지지 않게 쓰세요.

나무 밑에서

: '밑'의 맞춤법에 유의하고, 커지지 않게 쓰세요.

바람이 씽씽

: '이'는 작아지지 않게, '씽씽'은 커지지 않게 쓰세요.

서로 양보하렴.

: '서로'는 작지 않게. '보'는 작아지지 않게 쓰세요.

즐거운 시간

: '즐'은 너무 크지 않게, '거'는 작아지지 않게 쓰세요.

이제 괜찮아?

: '괜', '찮'의 크기와 맞춤법에 유의하여 쓰세요.

책상을 닦는다.

: '책', '닦'의 자음과 모음의 간격을 각각 조금 좁혀서 쓰세요.
'닦는다'의 맞춤법에 유의하세요.

나뭇잎이 살랑살랑

: '책', '닦'의 자음과 모음의 간격을 각각 조금 좁혀서 쓰세요.
'닦는다'의 맞춤법에 유의하세요.

2. 세 낱말 구·문장 쓰기

콩 한 알

: 한 자 한 자 띄고, 전체 크기를 맞춰 쓰세요.

어미 닭과 병아리

: '닭', '병'이 커지지 않게 쓰세요.

의자에 반듯이 앉아

: '반듯이'의 맞춤법에 유의하고, '이'가 작아지지 않게, '앉'이 커지지 않게 쓰세요.

시장에서 파는 물건

: '장'은 커지지 않게, '물'은 늘어지지 않게 쓰세요.

선생님께 말씀 드릴 때

: '드릴'의 맞춤법과 띄어쓰기에 유의하고, '선생님'의 크기와 모양을 같게 쓰세요.

나란히 숫자를 세며

: '숫자', '세며'의 맞춤법에 유의하고, ㅅ의 크기와 모양이 다름을 확인하세요. 그리고 '란', '숫'은 커지지 않게, '를'은 늘어지지 않게 쓰세요.

지난주에 있었던 일

: '지난주'의 띄어쓰기에 유의하고, 받침 글자들이 커지지 않게 쓰세요.

놀이터에서 만나기로 했다.

: 받침 없는 글자들은 작아지지 않게, '했'은 커지지 않게 쓰세요.

아마 행복할 거야

: '거야'의 맞춤법과 띄어쓰기에 유의하고, '행복할'이 커지지 않게 쓰세요. '행복할'의 자음과 모음을 작게 쓰고 간격을 좁힙니다.

혼자라서 가끔 외롭거든

: '외롭거든'의 맞춤법에 유의하고, '혼', '끔', '롭'이 커지지 않게 쓰세요. 이 세 글자의 가로획의 위치가 조금씩 다름에 주의하세요.

머리를 휘휘 저으며

: '저으며'의 맞춤법에 유의하고, '휘휘'가 커지지 않게 쓰세요.

3. 네 낱말 구·문장 쓰기

쑥쑥 뽑아 쑥 나물

: '쑥V나물'의 띄어쓰기에 유의하고, '아', '나'가 작아지지 않게 쓰세요.
'뽑'은 커지지 않게 쓰세요.

왜 입이 안 떨어지지

: '안'의 띄어쓰기와 맞춤법에 유의하고, '떨'이 커지지 않게 쓰세요.

하루 동안 있었던 일

: '동안'의 띄어쓰기에 유의하고, '있었던'의 맞춤법에 유의하여 쓰세요.

갔다 온 것 같아.

: '것'의 띄어쓰기에 유의하고, '갔다'와 '같아'의 맞춤법에 유의하여 쓰세요.

그늘에 가서 잠깐 쉴까?

: '늘' '쉴'은 늘어지지 않게 쓰지 않고, '그'는 작지 않게, '가서'는 작아지지 않게 쓰세요.

동물원에서 볼 수 있는

: '수'의 띄어쓰기에 유의하고, 크기가 작아지지 않게 쓰세요.

머리맡에 앉아 계신 아빠

: '머리맡'의 맞춤법과 띄어쓰기에 유의하고, '앉'이 커지지 않게 쓰세요.

꽃이 피는 것을 시샘하듯

: '꽃'은 크지 않게 쓰고, '시샘하듯'은 맞춤법과 띄어쓰기에 유의하여 쓰세요.

4. 다섯 낱말 구·문장 쓰기

상을 타 온 우리 언니

: '타V온'의 띄어쓰기에 유의하고, 각 낱말에 들어 있는 ㅇ의 위치 및 크기에 유의하여 쓰세요.

두 손에 힘을 꼭 주며

: '두'의 띄어쓰기에 유의하고, '힘'이 커지지 않게 쓰세요.

비밀을 털어 놓을 수 있는

: '수'의 띄어쓰기에 유의하고, 받침 있는 글자들이 커지지 않게 쓰세요.

책 읽기를 다 마칠 때까지

: '책 읽기', '다', '때'의 띄어쓰기에 유의하고, 받침 없는 글자들이 작아지지 않게 쓰세요.

안 봐도 질 게 뻔해.

: '안', '게', '뻔'의 맞춤법과 띄어쓰기에 유의하고, '뻔'이 커지지 않게 쓰세요.

잘 못해 준 것이 미안해요.

: '못해', '것'의 띄어쓰기에 유의하고, 받침 없는 글자가 작아지지 않게 쓰세요.

에필로그

평생 가는 글씨체, 함께 습관을 들이세요

"글씨를 정말 잘 쓰는구나."

저는 초등학교를 입학하고 수업 시간에 한글을 뗐습니다. 그래서 한글 읽기와 쓰기를 거의 동시에 배웠지요. 여덟 살 때 처음 연필을 쥐고 선을 긋고 동그라미를 그리며 한글 자음과 모음을 익히고 한 글자, 한 글자 천천히 쓰면서 한글을 배웠습니다. 8살이 되어 손을 사용하는 일이 어느 정도 익숙할 때 글씨 쓰기를 배워서 그랬는지 연필로 무언가를 끄적거리는 것이 정말 즐거웠습니다. 선생님이 종합장에 선 긋기나 자모음 쓰기 숙제를 내 주면 시간 가는 줄 모르고 했지요.

글씨 쓰기에 푹 빠져 지내다가 1학년 1학기 말에 열린 '전교 바른 글씨 쓰기 대회'에서 저학년 중 유일하게 동상을 받았습니다. 그때 선생님께서 칭찬을 많이 해 주셨지요. 예쁜 글씨에 대한 선생님의 칭찬은 학교생활에 대한 자신감을 심어 주었습니다. 이후 학습에도 흥미를 갖게 되었고, 각종 대회에 열성적으로 참여했지요. 글씨 쓰기 대회에서는 초등학교 6년 내내 빠짐없이 최고상을 받았고요.

이 책을 쓰면서 어린 시절 예쁜 글씨를 쓰려고 애쓰던 제 모습이 떠올랐습니다. 글자 한 획 한 획에 집중하면서 눈과 손과 머리, 그리고 연필과 공책이 하나가 되어 움직이던 아이의 모습 말입니다. 바로 눈, 손, 머리의 협응이 이뤄지던 그런 순간이 바른 글씨를 쓰는 습관을 만든다고 생각합니다. 습관은 그저 겉으로 드러난 행동만 고쳐서 들일 수 있는 것이 아니라, 몸과 마음이 함께 작동합니다. 그래서 습관을 들이는 데는 누구나 시간과 노력이 드는 것입니다. 따로 분리되어 있던 것을 하나의 방식으로 엮어 내야 하니까요.

저는 부모가 아이의 글씨 쓰기를 지도할 때 바로 이 점을 늘 의식하고 있기를 바랍니다. 아이가 쓴 글씨만 보고 '잘 썼다', '못 썼다'라고 평가하기보다 바른 글씨를 쓸 수 있게 바른 습관을 들이도록 이끌어 주세요. 아이의 몸과 바른 글씨를 쓰고자 하는 마음이 한 데 엮어져 있는지를 찬찬히 살피며 지도하면 좋은 결과가 나올 때까지 여유를 가지고 기다릴 수 있을 것입니다. 예쁜 글씨를 쓰는 습관이 아이 몸에 완전히 배었는지에 초점을 맞추는 것이지요.

글을 마치며 '지도의 여유'에 대해 말씀드리는 이유는, 글씨 교정은 제가 가르쳤던 수많은 아이들에게서 가장 천천히 성장한 부분이었기 때문입니다. 잘 쓴 글씨를 억지로 따라 써서 한순간 글씨가 예뻐지는 것이 아니기 때문에, 부모님과 아이 모두 더디게 가는 시간을 참고 견딜 수 있어야 합니다. 이 책의 2부에서 글자 쓰는 방법을 한 자, 한 자 세세하게 제시한 이유도 기본부터 올바른 습관이 생기길 바랐기 때문입니다.

아이의 글씨 중에 못난 획이나 글자가 있으면 이 책을 함께 펼쳐보며 어떤 모양인지 확인하고 그 자리에서 바로 수십 번 연습해 보기를 바랍니다. 그러면서 눈으로, 손으로 예쁜 획과 글씨를 익히세요. 아이가 예쁜 글씨를 습관으로 가지게 될 때까지 글씨를 쓰는 거의 모든 순간에 이 책이 함께 하기를 바랍니다.

더 늦기 전에 잡아 주는 우리 아이 바른 글씨 습관 책

초3 글씨체가 평생 간다

인쇄일 2021년 11월 29일
발행일 2021년 12월 6일

지은이 강승임
펴낸이 유경민 노종한
기획마케팅 1팀 우현권 **2팀** 정세림 현나래 유현재 서채연
기획편집 1팀 이현정 임지연 **2팀** 박익비 **라이프팀** 박지혜 장보연
책임편집 장보연
디자인 남다희 홍진기
펴낸곳 유노라이프
등록번호 제2019-000256호
주소 서울시 마포구 월드컵로20길 5, 4층
전화 02-323-7763 **팩스** 02-323-7764 **이메일** uknowbooks@naver.com

ISBN 979-11-91104-26-4(13590)

• — 책값은 책 뒤표지에 있습니다.
• — 잘못된 책은 구입하신 곳에서 환불 또는 교환하실 수 있습니다.
• — 유노라이프는 유노북스의 자녀교육, 실용 도서를 출판하는 브랜드입니다.